고양이와 함께 행복해지는

놀이 레시피

즐기면서 친해지는 교감의 기술!

사카자키 기요카 · 아오키 아유미 공저 | 이로미 옮김

좁은 틈이나 턱에서도 흥미진진. 모험을 정말 좋아한답니다.

놀다 지치면 마음에 드는 장난감 옆에서 꾸벅꾸벅. 냥이는 지금 충전 중.

종이 상자도 멋진 은신처. 주위에 이상은 없는지 숨어서 경비 중!

사냥감 발견! 형제 고양이의 꼬리인 줄 알면서도 두근거림이 멈추지를 않는군요.♡

졸리지만 놀고 싶어! 눈을 크게 뜨고 재미난 일 없냐고 은근히 조르는 냥이.

딸깍! 클리커 소리가 나고 간식이 등장하면 재밌는 놀이가 시작된다는 신호.♪

하루의 시작은 하이파이브로.
오늘도 같이 놀 거냥!

상하좌우로 왔다 갔다, 본격적
으로 놀이를 시작하기 전에 워
밍업부터 확실히!

좋아하는 장난감을 보면 눈을 떼지 못한다냥! 우리 움직임에 맞추어 낚싯대 다루는 법을 익혀라냥!

칫솔로 쓱쓱. 기분 좋다냥! 이거 버릇 되겠다냥.

집사의 품안은 특등석. 안
겨 있을 때가 제일 행복하
다냥.♡

함께 있는 시간이 놀이 시간. 이제
부터 무슨 놀이가 시작될지 두근두
근 설렌다냥.

오늘은 뭐하고 놀래? 하이
파이브로 놀자고 조르는 것
도 잘하지냥?

차례

Part4
고양이와 즐겁게 보내는 느긋한 시간 ··· 065

Part5
고양이도 백세 시대! 건강 관리도 놀면서 즐겁게 ··· 081

Part6
놀이를 통해 만일의 경우에 대비하기 ··· 099

Part7
놀이 레시피에 대한 Q&A와 마무리 ··· 115

※본서는 사카자키 기요카가 주로 집필하였고, 아오키 아유미가 Mini Lecture 일부를 집필했습니다.

시작하며

사카자키 기요카

이 책은 고양이와 즐겁게 소통하기 위한 몇 가지 팁과 아이디어를 제공합니다. 실제로 고양이와 함께 놀이 레시피를 즐기다 보면 실생활에 유익한 소통 방법도 터득하게 됩니다. 트레이닝 대상은 실내에서 기르는 애완 고양이입니다. 물론 길고양이와 사는 분도 있을 겁니다. 그런 경우에도 도전 가능한 레시피를 소개했으니 고양이와 친해지기 위한 방법으로 조금씩 실천해 보시기 바랍니다. 이미 고양이와 사이좋게 지내는 분도 있겠지요. 그런 경우에도 여기에 소개한 레시피 대로 고양이와 놀아 준다면 지금보다 훨씬 더 친해질 것입니다.

친해지기 위한 방법인데 왜 트레이닝이 필요할까요? 고양이는 자유롭고 한가로우며 느긋한 동물입니다. 사람의 말을 잘 따르지는 않지만 곁에 있어 주는 것만으로도 충분히 사랑스럽습니다. 트레이닝이라니, 얼토당토않다고 여기는 사람도 있을 것입니다. 고양이라는 존재 자체만으로도 가치가 있습니다. 인간이 좌지우지할 생명체가 아니지요.

하지만 그렇게 귀여운 고양이가 만약 병에 걸린다면 어떻게 할까요? 고양이를 위한다면서 고양이가 싫어하는데도 이동 가방에 억지로 붙잡아 놓고 약을 먹이거나 하지는 않나요? 건강할 때도 발톱 깎기, 빗질, 양치질 등을 강제로 하지 않나요? 고양이는 몸집이 작아 억지로 붙잡고서 얼마든지 처치를 할 수는 있습니다. 하지만 그렇게 함부로 다루어도 될까요?

클리커는 고양이와 인간이 즐겁게 소통하기 위한 도구 중 하나랍니다.

놀기도 하고 쉬기도 하고. 그것의 균형이 고양이의 생활에 자극을 준답니다.

우리 집 고양이도 제가 트레이닝을 공부하기 전까지는 약 먹이기가 힘들었습니다. 혼자서는 도저히 불가능하여 남편과 함께 해야 했습니다. 날뛰지 않게 목욕 수건으로 감싸서 꼼짝 못하게 한 다음, 억지로 입을 벌려 약을 먹였습니다. 겨우 먹였나 보다 한숨 돌리고 있으면 입에서 게거품이 부글부글……. 그러기 일쑤였습니다. 발톱도 꽉 붙잡고서 얼른 잘라 버리면 된다고 생각했습니다.

재미있는 놀이를 통해 약물의 유사 체험을 하면 고양이의 스트레스를 줄일 수 있습니다.

그러던 어느 날 고양이와 함께하는 트레이닝을 알게 되었습니다. 처음에는 소위 '재주 부리기'를 트레이닝시켰습니다. 그런 것은 시키고 싶지 않다고 생각하는 사람도 많을 겁니다. 하지만 '그런 것'이라서 시킬 필요가 있습니다. 사실 주인이 일상적으로 해야 하는 여러 가지 관리를 고양이가 거부감 없이 받아들이게 하는 트레이닝은 쉽지 않습니다. 구체적인 트레이닝은 책 후반부에 소개하겠습니다.

무언가에 익숙해지려면 연습이 필요합니다. '그런 것'부터 연습해야 만에 하나 놀이 레시피대로 되지 않아서 실패하더라도 주인도 고양이도 실망하지 않습니다. 고양이는 간식을 받아서 좋고, 여러분은 다른 레시피를 시도하면 되니까요. 어떤 분야든 '그런' 기초 연습이 반드시 필요합니다. 예컨대 스포츠에서도 '드리블', '스윙', '달리기' 같은 기초 동작에 대한 철저한 학습과 연습은 실전에서 좋은 경기를 펼치기 위한 필수 요소입니다. 그렇게 자기 페이스로 실천하다 보면 실력이 점점 좋아집니다.

장난감봉을 이용한 클리커 트레이닝으로 기초 레시피를 배워 봅시다.

고양이와 함께 이 책의 레시피를 하나씩 즐기는 동안 소통하는 경지에 이르렀다면 다음 단계가 바로 책 후반에 나오는 허즈번드리 트레이닝※입니다. 허즈번드리 트레이닝이야말로 고양이 주인이 가장 선호하는 훈련법입니다.

※허즈번드리 트레이닝이란 동물의 건강 관리를 포함해서 사육 전반에 필요한 동작을 가르치는 교육입니다.(96~97 쪽 참조)

고양이를 불쾌하게 하고 싶지는 않지만 여러 가지 관리법과 치료법은 필요합니다. 여러분의 고양이도 그렇게 관리되기를 바라지 않나요? 다만 진심으로 고양이를 위하는 주인이라면 강제로 하는 이런저런 관리는 바람직하게 여기지 않을 것입니다.

고양이와 함께 이 책에 나오는 놀이 레시피를 따라하다 보면 고양이가 억지로 붙잡혀서 스트레스를 받는 일 없이 필요한 관리가 가능해집니다. 실제로 우리 집의 사랑스러운 고양이들은 트레이닝 이후 약을 준비하는 사이 자기가 먼저 다가와 기다립니다. 물론 저 혼자서도 거뜬히 먹인답니다.

이러한 트레이닝에는 과학적 근거가 있습니다. 고양이를 주인 말에 순종하게 만들자는 것이 아니라, 고양이의 스트레스는 줄이면서 적절히 관리하자는 것입니다. 이는 고양이의 행복이고, 고양이의 행복은 곧 주인의 행복입니다.

또한 한정된 실내 공간에서 고양이가 우리와 더불어 건강하고 즐겁게 살기 위해서는 충분히 놀아 주어야 합니다. 그러나 고양이도 나이가 들면 장난감을 봐도 시큰둥해하거나 캣타워에도 오르지 않게 됩니다. 그럴 경우에 이 책의 놀이 레시피를 사용해 보세요. 트레이닝은 어린 고양이나 가능하다고 생각하기 쉽지만 천만의 말씀입니다. 여기 소개한 레시피는 고양이를 면밀히 관찰하고 과학적으로 접근함으로써 게임을 하듯 트레이닝을 할 수 있습니다. 고양이와 장난감을 갖고 놀 뿐만 아니라 하나의 놀이로 게임을 집어 넣었기 때문에 의사 소통의 새로운 세계를 경험하실 겁니다. 부디 즐겁게 도전해 보시기 바랍니다.

알약도 잘 먹는 우리 집 고양이 다이키치. 냥마루는 옆에서 놀이를 기다리듯 약 먹을 순서를 기다리고 있습니다.

캣타워를 이용해서 운동을 시켜 볼까요? 놀이 레시피를 연습할 장소로 활용해도 좋습니다.

Part 1

고양이와 놀기 위한 준비

함께 생활하는 고양이의 행동 심리나 그 원리를 파악하면 하루하루를 더욱 즐겁고 알차게 보낼 수 있습니다. 그러기 위해서는 '고양이와 생활할 때 유익한 놀이 규칙'을 주인이 정확히 이해한 다음 고양이가 그 규칙을 따르게 하는 것이 중요합니다. 우선 주인과 고양이가 레시피 수행에 필요한 클리커나 장난감봉 같은 도구에 익숙해지는 데서부터 시작합니다. 처음에 기초를 탄탄히 익혀야 나중에 연습할 놀이 레시피도 즐겁게 따라 할 수 있기 때문입니다.

놀이 준비

이 책의 놀이 레시피는 대부분 '딸깍' 소리를 내는 클리커라는 도구와 간식을 활용합니다. 고양이와 클리커 게임을 즐기기 위한 준비로 '우리 고양이가 좋아하는 먹이 찾기'를 해봅시다.

클리커 게임에서 중요한 점은 '정답!', '잘했어'라는 말을 고양이가 알아들을 수 있도록 가르치는 것입니다. 그러려면 고양이가 좋아할 '포상'이 필요합니다. 포상은 쓰다듬어 주거나 장난감 놀이로도 충분하다고 생각할 수도 있습니다. 하지만 쓰다듬거나 장난감 놀이로 포상을 하면 그 순간 클리커 게임은 완전히 중단되고, 고양이에게 '정답!'이라는 말을 가르칠 기회가 사라집니다. 고양이가 게임을 즐기게 하려면 좋아하는 먹이를 찾아 포상으로 줄 준비를 해야 합니다.

고양이와 클리커 게임을 하려면 또 하나 중요한 준비가 필요합니다. 그것은 클리커 소리를 고양이가 좋아하도록 만드는 것입니다.

클리커의 '딸깍' 소리가 나는 도구로 고양이에게 '정답'이라는 말을 가르치는 데 유용합니다. 물론 고양이가 처음부터 클리커 소리를 좋아하지는 않을 겁니다. 게임을 하기 전에 고양이가 클리커 소리를 좋아하게 만드는 작업이 필요합니다. 고양이가 좋아하는 포상을 찾았으면 그 다음은 포상과 클리커 소리를 연결시키는 '차징charging' 을 해봅시다.(자세한 내용은 22~23쪽에서 소개)

클리커 게임을 하면 처음에는 고양이가 싫증을 내기도 합니다. 아주 흔한 경우이니 크게 신경 쓸 필요는 없습니다.

새로운 일을 시작했을 때 인간은 과욕을 부리는 경향이 있습니다. 고양이는 원래 자기 방식대로만 움직이는 동물이라 갑자기 하게 된 게임을 좋아할 리가 없습니다.

고양이 나름의 적응 속도를 존중해 주세요. 예컨대 어떤 고양이가 지금까지는 간식으로 맛있고 바삭한 과자를 한 번에 10개씩 받았는데, '딸깍 소리가 나면 1개'(차징)밖에 받지 못한다면, 아무리 바삭한 간식을 좋아했던 고양이라도 그 딸깍 소리는 좀처럼 좋아지지 않을 겁니다.

기존의 생활 방식을 갑자기 바꾸면 고양이나 주인이나 부담을 느낍니다. 고양이와 함께 트레이닝하면서 '우리 고양이에 맞는 방식'을 찾아보시기를 권합니다.

좋아하는 상대에게 그가 좋아하는 것을 주고 싶다는 생각은 지극히 자연스러운 마음입니다. 고양이가 기뻐하는 모습, 즐거워하는 모습을 이끌어 내는 클리커 게임은 고양이와 주인이 함께 소통하는 유쾌한 시간을 제공할 것입니다.

준비물

놀이 레시피를 연습할 때 필요한 준비물을 소개합니다.

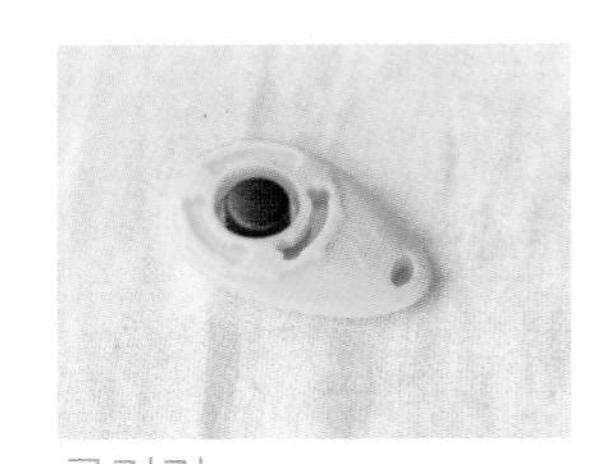

클리커

딸깍 소리가 나는 도구로, 놀이 레시피의 필수품입니다. 20쪽~23쪽에서 자세히 소개하겠습니다.

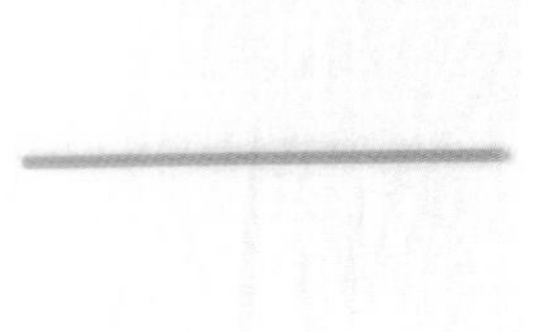

장난감봉

클리커 게임 초보 단계에서 사용합니다. 사용법은 24쪽~25쪽에서 자세히 소개하겠습니다.

간식(포상)

우리 고양이가 좋아하는 먹이를 사용합니다. 종류나 크기, 주는 법은 18쪽~19쪽을 참조하세요

포상에 대하여

포상은 우리 고양이가 좋아하는 먹이를 선택합니다. '고양이는 이런 걸 좋아해.'라는 편견은 금물입니다. 반드시 우리 고양이가 정말로 좋아하는 것인지 관찰하고 확인하기 바랍니다.

클리커 게임의 준비 단계로 먼저 '차징'을 합니다(22쪽~23쪽 참조). 어떤 일에서든 첫인상은 매우 중요합니다. 따라서 차징을 할 때는 우리 고양이가 특별히 좋아하는 간식으로 포상을 합니다. 고양이가 게임에 익숙해지면 얼마나 열심히 했는지 등급을 매기고 등급에 따라 포상을 달리합니다. 적절한 포상이 이루어지면 고양이의 몸과 마음, 양면으로 좋은 자극을 줍니다. 포상으로 적당한 먹이를 몇 가지 알아 두시기 바랍니다.

연습할 타이밍과 포상에 대하여

포상으로 이용할 간식을 고를 때 중요한 점은 고양이가 좋아하는지 여부입니다. 만약 고양이가 평소에 밥을 좋아한다면 그것을 포상으로 주면 됩니다. 이미 클리커 게임을 즐기고 있는 고양이도 평소에 먹는 밥을 포상으로 주어도 괜찮습니다. 이 경우 아침에 고양이가 먹을 하루 치 밥 양을 계량해서 포상을 줄 양만큼만 따로 떼어 놓았다가 사용합니다. 게임을 하면서 포상하고 남은 밥은 마지막 먹이 시간인 저녁 때 같이 줍니다.

고양이가 클리커 게임에 익숙하지 않거나, 먹이에 별로 관심이 없다면 밥을 주기 전 공복일 때 연습시키거나, 별미 간식을 쓰는 게 좋습니다. 이때 간식은 고양이가 먹는 하루 치 먹이의 10~20%를 넘지 않도록 주의해야 합니다.

놀이 레시피에도 나오지만 고양이의 체중 관리는 대단히 중요합니다. 먹는 양을 정확히 계량하고, 몸무게 측정도 성실히 해서 살이 찌지 않도록 조심합시다.

포상 종류와 준비

클리커 게임에서는 "정답!"과 같은 반응을 자주 해주어서 고양이가 게임을 즐기게 해야 합니다. 계속해서 간식을 주어야 하므로 간식은 작게 잘라 줍니다. 일반적인 건조 사료도 포상으로 사용하기에는 조금 큽니다. 약을 자를 때 쓰는 '알약 커터'

를 사용하면 편리합니다. 물론 손으로 자를 수 있는 사료도 있고, 가위로 자를 수 있는 사료도 있습니다. 절반이나 3분의 1, 4분의 1 크기로 잘라 사용하면 먹이를 계속 주면서 게임을 해도 고양이가 과식할 우려가 없습니다. 고양이가 게임을 즐기게 되면 포상용 간식은 가능한 한 작게 만들어 사용하십시오.

클리커 게임을 위한 포상 외에 고양이를 무언가에 적응시키고 싶을 때 사용하면 편리한 포상법이 있습니다. 바로 핥아먹는 간식입니다.

고양이는 먼저 '사람 손'에 익숙해져야 합니다. '사람 손'은 생활 속에서 다방면으로 고양이를 돌보기 때문입니다. 손에 대해 좋은 인상을 갖게 하려면 먼저 손에다 핥아먹는 간식을 바른 다음 고양이가 핥아먹게 연습을 시킵니다.

포상 종류와 준비

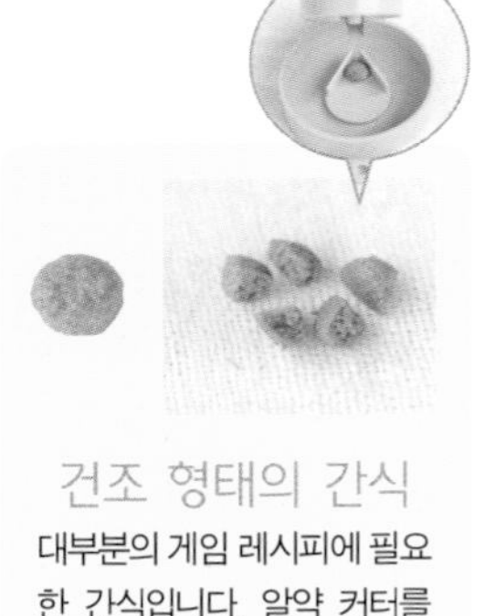

건조 형태의 간식

대부분의 게임 레시피에 필요한 간식입니다. 알약 커터를 사용해서 작게 잘라 놓으면 쓰기도 쉽고 편리합니다.

반건조 형태의 간식

건조 형태 대용으로 고양이의 취향에 맞게 선택합시다. 가위로 절반 또는 3분의1, 4분의 1 크기로 잘라 놓습니다.

액상 간식

연속적으로 레시피를 진행할 때 사용하고(예: 하네스 레시피), 고양이가 핥아 먹을 수 있도록 종이에 발라 준비합니다.

※우유팩을 펼쳐서 거기에 발라 주는 법을 추천합니다.

포상용 간식 용기

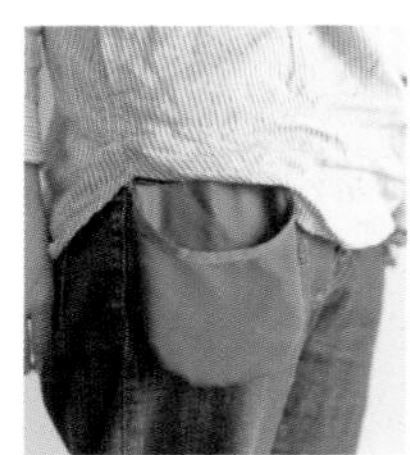

간식 주머니

간식 주머니는 고리를 이용해서 벨트에 걸거나 주머니 속에 넣어 둡니다. 나일론 재질로 된 것이라 매끄럽고 세탁도 간편합니다.

※제공 : 주식회사 레비

플라스틱 밀폐 용기

플라스틱 밀폐 용기에 담으면 간식이 눅눅해질 염려가 없습니다. 작은 밀폐 용기를 사용하면 레시피를 수행할 때 손 닿는 곳에 두거나 들고 다니기가 편합니다.

포상 신호—클리커 clicker

'클리커'는 '딸깍' 소리가 나는 도구입니다. 이 소리를 이용해서 '고양이의 행동을 수정하는 정답 맞추기 게임'이 클리커 게임입니다. 우리가 딩동댕 소리가 나면 정답이라는 걸 알듯이 고양이와 주인 사이에도 정답 신호를 만들어 봅시다.

클리커는 고양이가 바로 들을 수 있는 소리를 내는 도구입니다. 다른 물건을 사용해도 상관없습니다. 예를 들면 노크식 볼펜을 사용해도 좋고, 아니면 혀로 입천장을 쳐서 '딱' 소리를 내거나(혀 클릭) 피리를 불어서 '삐' 소리를 내도 좋습니다. 어떤 것이든 상관없지만 중요한 규칙이 있습니다. 일단 소리를 냈으면 고양이에게 꼭 포상을 해야 합니다. 이는 클리커 게임의 중요한 규칙이므로 반드시 지켜야 합니다.

만약 노크식 볼펜을 클리커 대용으로 사용할 경우, 평소 생활할 때는 그 볼펜을 사용하지 않는 편이 좋습니다. 일단 소리를 냈으면 고양이에게 꼭 포상을 해야 한다는 규칙을 지키기 어렵기 때문입니다. 반대로 지금까지 노크식 볼펜을 쓰지 않았다면 서랍에 넣어 두었던 볼펜을 사용해도 좋겠습니다. 클리커는 애완용품점이나 인터넷 쇼핑몰에서 구입하면 됩니다. 하나만 있으면 충분합니다. 값은 약 5천 원 안팎입니다. 고양이를 위한 새 장난감을 하나 마련하자는 생각으로 구입하기를 권합니다.

말로 하면 안 될까?

'클리커 소리가 포상을 주는 신호에 불과하다면 말로 해도 되지 않을까?'라고 생각하는 사람도 있을 겁니다. 말로 하면 안 될 이유는 없지만 말보다 클리커가 더 좋

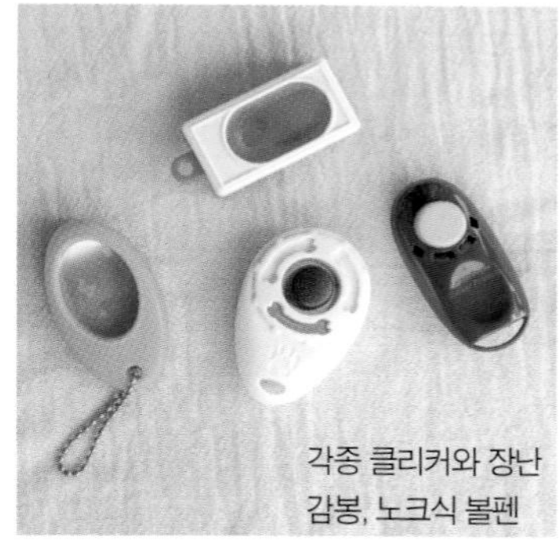

각종 클리커와 장난 감봉, 노크식 볼펜

클리커는 애완용품점이나 인터넷 쇼핑몰에서 5천 원 정도에 구입할 수 있습니다. 장난감봉에 부착된 것(클릭 스틱)이나 대용품으로 노크식 볼펜을 사용해도 좋습니다.

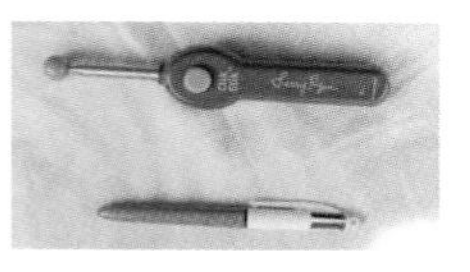

사용법

'딸깍' 소리로 신호를 보내고, 그 후에는 반드시 포상합니다.

은 이유가 있습니다. 첫째, 지금까지 들어봤던 말을 사용하면 고양이가 혼란을 일으켜 새로운 게임을 하지 못합니다. 사람은 새로운 게임에 임하면서 사고를 전환할 능력이 있지만 고양이는 다릅니다. 고양이가 혼란을 일으키지 않고 새로운 게임을 즐길 수 있도록 말은 사용하지 않습니다.

둘째, 아무래도 말은 때에 따라 미묘하게 소리가 달라집니다. 사람이 내는 소리는 같은 말이라도 그때그때 다릅니다. 사람과 달리 클리커는 항상 '딸깍' 하고 기계적인 소리를 동일하게 냅니다. 특정 신호는 가능한 한 똑같은 소리여야 고양이에게 쉽게 전달됩니다. 이것이 말보다 클리커가 좋은 이유입니다.

그밖에도 말소리는 고양이와 소통할 때뿐만 아니라 무의식적으로 사람끼리 대화하는 사이에 같은 말을 하게 되어 고양이가 들을 가능성이 있습니다. 그리고 주인은 같은 말소리를 냈다고 생각하지만 때에 따라서는 다른 말소리로 바뀔지도 모르기 때문입니다. 예를 들어 "잘했어!"라고 했던 말이 "잘하는데!"라는 말로 바뀌거나, "그렇지."가 "그래그래."로 달라지기도 합니다. 이와 같이 아주 작은 차이지만 신호라는 면에서 사람의 말소리는 바람직하지 않습니다.

또한 행동을 가르칠 때는 순간순간 끊어서 교정하는 것이 중요하기 때문에 단순한 소리를 내야 고양이도 금방 알아듣고, 정답을 가르치기도 편합니다. 그밖에도 많은 이유가 있습니다. 우선은 클리커를 사용해 보자는 마음으로 도전해 보시기 바랍니다.

클리커 게임을 고양이가 즐기게 되면 말로도 칭찬할 수 있습니다(말로 칭찬할 때도 포상을 주세요). 클리커 게임은 행동을 함께 교정하는 훈련이므로 그 과정에서 클리커를 사용하면 훨씬 쉽게 알아듣습니다. 지시대로 성공하면 그 행동을 말로 칭찬하고 포상을 해줌으로써 "잘했다!"라는 뜻을 고양이가 인식할 수 있습니다. 그리고 이미 습득한 동작(완성형)을 고양이가 다시 했을 때는 말로 칭찬하고 포상을 주어도 문제없습니다.

먼저 클리커의 기계적인 소리를 고양이가 좋아하게 만들어야 합니다. 그러려면 클리커와 포상으로 주는 간식을 연결시켜 기억하게 합니다.

차징charging이란?

클리커 게임에서 첫 번째 단계가 '차징'입니다. '차징'이란 클리커의 '딸깍' 소리와 고양이가 가장 좋아하는 것(포상)을 연결시켜 기억하게 만드는 작업입니다. '파블로프의 개'를 떠올려 보시기 바랍니다. 고양이가 클리커 소리는 곧 '포상이 나오는 소리'로 여기게끔 조건을 다는 작업입니다. 이를 고전적 조건화라고 합니다.

고양이는 클리커 소리를 좋아하지 않지만 처음부터 제대로 '차징'을 연습시키면 고양이는 클리커의 '딸깍' 소리를 포상을 받을 수 있다는 신호, 정답 신호로 여겨 아주 좋아하게 됩니다. 이를 테면 먹이가 든 통조림을 딸 때 '쩍' 소리만 나도 고양이는 맛있는 먹이가 나오기를 기대하며 두근두근 가슴이 설렙니다. 그런 상황을 의도적으로 연출하는 것입니다. 좋아하는 먹이가 약속된 즐거운 상황을 만드는 것, 그것이 차징입니다.

주인부터 연습을

차징 실전에 들어가기 전에 고양이가 없는 곳에서 연습을 합시다. 처음에는 클리커 소리가 생각대로 나지 않는 경우도 있습니다. 고양이가 없는 곳(고양이에게 소리가 들리지 않는 곳)에서 '딸깍' 소리를 내보시기 바랍니다. 클리커를 천천히 누르면 '따알깍' 하고 불분명한 소리가 나므로 재빨리 누르는 연습이 필요합니다.

다음은 고양이에게 능숙하게 포상을 주는 연습입니다(이것도 고양이가 없는 곳에서 연습해 보세요). 한 손에는 클리커를 들고, 다른 한 손에는 포상을 쥡니다. 고양이가 좋아하는 건조 사료 5~6알을 손에 움켜쥐고 한 알씩 바로바로 꺼낼 수 있도록 연습합니다. 머뭇거리지 말고 한 알씩 자기 앞에 놓습니다. 익숙해지면 다음은 클리커를 누르자마자 건조 사료를 자기 앞에 한 알씩 놓는 동작을 연습합니다. 클리커 소리를 낼 때 건조 사료를 들고 있는 손은 움직여선 안 됩니다. 고양이에게 기억시켜야 할 것은 '클리커 소리가 나면 포상이 나온다'는 사실이니까요. 고양이는 주인의 손동작만 보고도 포상이 나오겠구나 하고 눈치 챕니다. 클리커 소리를 내기 전에 손을 움직이지 않도록 주의하기 바랍니다.

이 책에서는 포상을 줄 때 고양이 바로 앞에 놓는(또는 손으로 주는) 방법을 기본으로 하였습니다. 혼자 연습할 때도 고양이가 가까이 있다고 생각하면서 포상을 자기 앞에 놓아 보세요.

클리커를 이용하여 차징을 하자

클리커 소리를 '포상이 나오는 신호'로 기억하게 만드는 작업인 차징을 실제로 해봅시다.

Step **1**

고양이가 눈치 채지 못하도록 포상용 간식 5~6알을 손에 쥐고 다른 손에는 클리커를 듭니다.

Step **2**

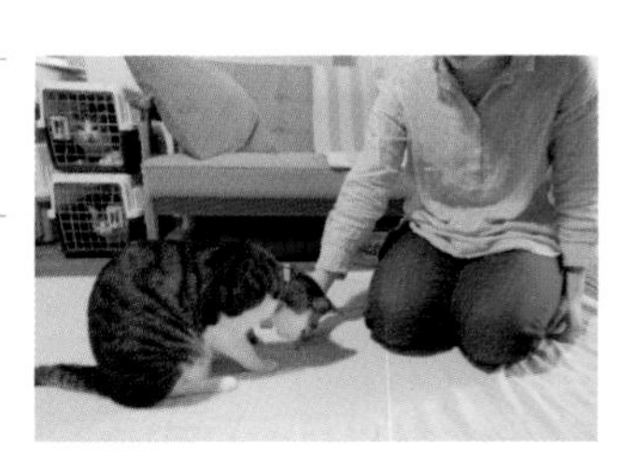

클리커를 눌러 '딸깍' 소리를 냅니다. 그리고 재빨리 포상 한 알을 고양이 앞에 놓습니다.

차징할 때 주의 사항

주의 1

차징을 통해 고양이가 익힌 클리커 소리는 매우 강력한 트레이닝 도구가 됩니다. 따라서 트레이닝을 하지 않을 때는 클리커 소리를 내면 안 됩니다.

주의 2

고양이가 보는 앞에서 클리커 소리를 내면 안 됩니다. 고양이가 놀라기 때문입니다. 손을 몸 뒤로 돌려 소리를 내는 것이 가장 적당합니다.

주의 3

포상은 반드시 클리커 소리를 낸 다음에 줍니다. '딸깍 → 포상'의 순서를 꼭 지켜주세요.

주의 4

어떤 고양이는 한 번에 한 알 씩 주는 포상에 만족하지 못하는 경우도 있습니다. 그럴 때는 고양이가 기뻐할 만큼 질 좋은 간식을 충분히 준비해 주세요.

위의 네 가지 주의 사항에 신경 쓰면서 '딸깍 → 포상'을 5~6번 반복합시다(5~6번이 1세트). 고양이가 눈앞에 있는 포상을 다 먹을 때쯤 다시 '딸깍' 소리를 내고 포상을 놓습니다. 차징 훈련은 여기까지입니다. 차징 훈련은 총 5~6세트(하루에 2세트까지) 반복합니다. 세트와 세트 사이에는 고양이가 한잠 자도 될 만큼 시간을 둡니다.

차징에 익숙해진 고양이는 '딸깍' 소리가 나면 '포상이 나온다!'고 기대합니다. 클리커 소리는 포상을 준다는 약속의 소리이므로 고양이의 기대를 저버려서는 안 됩니다. 게임은 규칙을 어기면 성립하지 않습니다. 따라서 클리커 소리를 냈으면서 포상을 주지 않는 일은 없도록 주의하기 바랍니다.

도전! 클리커 게임

차징에 성공했다면 이제 클리커 게임을 시작할 차례입니다(차징을 3세트 이상 수행한 뒤에 시작합시다). 클리커 소리는 정답이라는 신호이자 포상을 주겠다는 약속의 소리입니다. 따라서 클리커 소리를 내면 포상을 준다는 규칙을 정확히 지켜가며 고양이와 게임을 즐겨 봅시다.

클리커 게임 첫 레시피

장난감봉을 사용해서 놀아 보자

클리커 초보자도 다루기 쉽고, 고양이도 익히기 쉽도록 먼저 장난감봉을 사용해서 게임을 시작해 봅시다. 장난감봉은 고양이가 행동할 때 힌트를 주는 막대 모양의 도구입니다.

첫 번째 목표는 고양이가 장난감봉을 따라다니게 하는 것입니다. 고양이와 게임을 즐겁게 하려면 가르칠 때 세세하게 단계를 나누어 고민해야 합니다. 머릿속에서 확실하게 이미지 트레이닝을 마친 다음 시작하기 바랍니다.

장난감봉 대신 손가락을 사용해도 좋습니다. 하지만 포상으로 간식을 주어야 하는데 어떤 고양이는 간식을 빨리 달라고 자기도 모르게 앞발을 내미는 경우가 있습니다. 고양이 펀치가 귀엽기는 하지만 손톱이 나 있으면 게임하는 기분을 망칠 수도 있습니다. 고양이가 차분하게 게임에 임할 때까지는 장난감봉을 사용하는 편이 안전합니다. 고양이는 종종 눈앞에 막대 모양의 물건이 보이면 그 끝에 코를 갖다 댑니다. 그런 습성을 이용해서 '장난감봉에 코 대기'를 가르쳐 봅시다. 클리커를 누른 순간 코를 갖다 대도록 고양이에게 학습시킵니다. 행동하자마자 클리커 소리를 내는 것은 중요하지만 클리커를 누른 뒤에 서둘러 포상을 줄 필요는 없습니다.

준비물

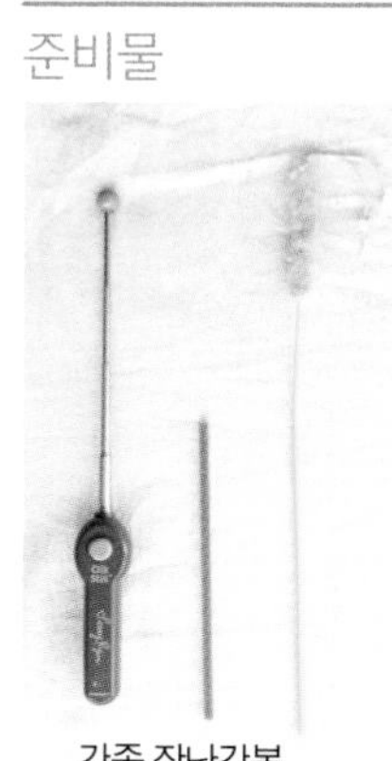
각종 장난감봉

클리커와 장난감봉

장난감봉은 나무젓가락이나 빨대, 머들러, 막대만 남은 장난감 등 무엇이든 상관없습니다.

장난감봉에 코 대기 연습

Step **1**

장난감봉을 고양이 얼굴에 가까이 댑니다. 고양이가 장난감봉을 보면 클리커를 누르고 포상을 줍니다. 이 때 늦지 않도록 합니다. 고양이가 앞발로 장난감봉을 만지면 처음 한 번은 클리커를 누르고 포상을 줍니다(막대가 정답이라는 것을 전하기 위해서입니다).

Step **2**

고양이 얼굴에 막대나 손가락을 가까이 가져가면 코를 대려고 합니다. 코를 대려고 할 때 클리커를 누르고 포상을 줍니다. 만약 무시하면 고양이 코에 좀 더 가까이 가져다 댑니다. 고양이가 약간이라도 코를 대면 클리커를 누르고 포상을 줍니다.

Step **3**

고양이 얼굴에서 주먹 하나 만큼 거리를 두고 막대를 내밉니다. 고양이가 코를 대면 클리커를 누르고 포상을 줍니다. 코는 대지 않았더라도 대려고 목을 늘이면 클리커를 누르고 포상을 줍니다. 몇 번 반복하여 코를 댈 수 있도록 연습합니다.

Step **4**

고양이와 일정 거리를 유지하면서 막대를 약간 오른쪽으로 움직여 봅시다. 고양이가 막대를 따라 오른쪽으로 움직이고 코를 대면 클리커를 누르고 포상을 줍니다. 막대를 왼쪽으로도 움직여 보고 고양이가 코를 대면 클리커를 누른 다음 포상을 줍니다.

Step **5**

고양이가 눈앞에 있는 막대 쪽으로 목을 늘이면 막대를 조금 움직여 봅니다. 고양이가 코를 대기 전에 "이쪽으로 와."라고 하듯이 막대를 자기 쪽으로 움직입니다. 막대에 코를 대려고 목뿐만 아니라 앞발까지 내밀면 클리커를 누르고 포상을 줍니다.

Step **6**

고양이가 막대에 코를 대기 전 막대를 움직여 따라오게 합니다. 막대는 주먹 하나 혹은 그보다 좀 더 거리를 둡니다. 처음에는 한 걸음, 그 다음에는 두 걸음 다가오게 하다가 막대를 멈추었을 때 고양이가 코를 갖다 대면 클리커를 누르고 포상을 줍니다.

Mini Lecture | 1

글 : 아오키 아유미

행동 심리학

고양이는 본능대로 산다?

고양이의 행동은 크게 두 가지로 나뉩니다. 첫 번째는 태어나면서부터 하는 행동입니다. 막 태어난 새끼 고양이가 어미 고양이의 젖을 빠는 행동, 높은 곳에서 떨어져도 다리부터 착지하는 반사 신경, 번식, 식이에 도움이 되는 행동 등 정해진 순서대로 발달하는 본능적 행동이 있습니다. 이러한 행동은 어미에게서 새끼로 유전되는 행동이므로 개체에 따른 차이가 거의 없습니다.

개성은 경험으로 만들어진다

두 번째는 태어난 후에 경험한 일에서 영향을 받은 행동입니다. 고양이마다 다른 경험을 하기 때문에 개체에 따라 차이가 발생합니다. 일례로 고양이의 자발적 행동을 설명해 보겠습니다. 고양이가 봉지에서 간식을 꺼내는 행동을 보면 고양이마다 공략법이 다릅니다. 그 이유는 우연히 어떤 행동을 한 직후에 봉지에서 간식이 나와 먹을 수 있었기 때문입니다.

왜 저런 행동을 할까? 그 원인으로 우리는 행동 전에 있었던 일을 주목하는 경향이 있습니다. 그러나 자발적 행동은 행동 직후에 일어난 일에 영향을 받습니다. 자발적 행동을 학습하는 구조는 4가지 패턴으로 나뉩니다. 다음 장에서 행동의 4가지 법칙을 소개하겠습니다.

과학적인 트레이닝이란?

행동의 4가지 법칙에 비추어 보면, 특별히 무언가를 가르친 것 같지 않아도 고양이는 자기가 처한 상황에 맞추어 학습한다는 것을 알 수 있습니다. 고양이는 그저 본능적으로만 행동하지 않습니다. 우리 인간을 포함해서 동물의 자발적 행동이 증감하는 이유는 이 4가지 패턴으로 설명이 가능합니다.

이런 행동 법칙을 응용해서 인간과 동물의 QOL*을 높임으로써 문제 행동의 해결을 연구하는 학문을 응용행동분석학(ABA)이라고 합니다. Mini Lecture에서는 ABA를 이용한 과학적 방법으로 고양이를 행복하게 하려면 어떻게 해야 하는지 살펴보겠습니다.

*'삶의 질'을 뜻하는 'Quality Of Life'의 약자.

행동의 4가지 법칙

● 행동 후 기쁜 일이 생기면 같은 행동을 반복한다.

고양이가 주인에게 다가가자 주인이 간식을 주었습니다. 몇 번 반복하면 고양이는 주인만 보면 살금살금 다가옵니다. 이 고양이는 행동 후 간식을 얻었기 때문에 같은 행동을 반복하는 것입니다.

● 행동 후 달갑지 않은 상황이 사라지면 같은 행동을 반복한다

고양이를 안아 주자 발톱으로 할퀴기에 내려놓았습니다. 고양이는 행동 후 주인의 구속이 사라졌다고 판단했기 때문에 안아 주기만 하면 할퀴게 됩니다. 손님이 오면 벽장에 숨어 버리는 것도 마찬가지입니다.

● 행동 후 싫은 상황이 생기면 반복하지 않는다

고양이가 어린 아이에게 다가가자 아이는 고양이 꼬리를 잡아당겼습니다. 고양이는 두 번 다시 그 아이 근처에는 가지 않았습니다.

● 행동 후 기쁜 일이 사라지면 반복하지 않는다

고양이가 놀다가 주인의 손을 할퀴었습니다. 그러자 주인이 놀이를 그만두었습니다. 그 행동을 한 후 같은 상황이 몇 번 반복되자 고양이는 더 이상 주인의 손을 할퀴지 않았습니다.

Mini Lecture | 2

글 : 아오키 아유미

고양이를 행복하게 만드는 7가지 규칙

고양이는 칭찬하며 키운다

요즘에는 실내에서 고양이를 키우면서 수명이 다할 때까지 기르는 추세입니다. 실내에서 지내면서 고양이와 사람이 어울릴 시간이 늘어나고, 고양이가 사람이 만든 공간에서 오랜 시간을 보내게 되었습니다. 사람의 행동은 고양이의 행동에 영향을 줍니다. 혹은 반대인 경우도 있습니다. 고양이와 사람이 관계를 맺고 평생 행복하게 살기 위한 환경 조성과 유익한 행동을 7가지 규칙으로 정리해 보았습니다.

1 바른 행동을 칭찬하자

고양이가 했으면 하는 행동을 칭찬하면서 가르칩니다. 잘게 자른 간식을 준비하고 바른 행동을 보이면 재빨리 맛있는 포상을 아주 조금만 줍니다. 고양이의 행동과 포상이라는 결과가 연결되도록 신속하게 반복해서 주는 것이 중요합니다.

2 문제 행동은 주목하지 말고, 칭찬하지 말고, 화내지 말자

고양이가 바람직하지 않은 행동을 했을 때 주시하거나, 제지할 생각으로 고양이의 이름을 부르거나, "안 돼!"라고 말하지 않나요? 고양이를 아무리 혼내도 그만두지 않고 오히려 문제 행동의 횟수가 증가한다면, 문제 행동을 열심히 칭찬해 왔다는 뜻입니다.

3 벌을 주지 말자

문제 행동을 따끔하게 혼내는 것이 예절 교육은 아닙니다. 큰소리로 놀라게 하거나, 때리거나, 일부러 실수하도록 해서 고치는 방법은 결코 바람직하지 않습니다. 오히려 고양이가 사람을 싫어하게 되고, 겁 많고 신경질적인 성격으로 바뀝니다. 또한 문제 행동을 혼내도 바른 행동을 가르쳐 주지 않으면 다른 문제 행동을 일으킵니다.

4 문제 행동은 경험하지 않게, 반복하지 않게

장난 치면 안 되는 것, 손톱을 세워 할퀴면 안 되는 것, 망가뜨리면 안 되는 것, 먹으면 안 되는 것들은 깨끗이 치워서 고양이를 위한 방으로 바꿔 줍니다. 문제 행동은 예방이 중요합니다. 만약 이미 저질렀다면 신속하게 대책을 세워 반복하지 않도록 방지합니다.

5 할 일을 만들어 주고, 운동을 시키자

먹이를 쉽게 먹을 수 있는 환경과 무료함, 그리고 운동 부족은 서로 연관되어 있습니다. 주식을 포상으로 여기도록 트레이닝 시키거나 퍼즐 피더puzzle feeder로 먹이를 쉽게 얻지 못하게 하거나, 먹이 시간의 간격을 늘려 봅시다. 그리고 캣타워를 설치하거나, 장난감봉으로 놀아 주거나, 사랑스러운 동작을 배울 수 있는 놀이를 통해 적극적으로 운동할 기회를 만들어 줍시다.

6 연습시키고 적응시키자

몸무게 측정, 움직이지 않게 고정시키기, 타월로 감싸기, 약 먹이기 등 고양이의 건강을 위한 필수 항목들은 고양이가 질색하는 행동들입니다. 포상을 이용해서 즐겁게 연습시키고 자연스럽게 받아들이도록 평소에 준비시킵시다. 일상생활에서 마주치는 다양한 자극을 필요 이상으로 두려워하지 않도록 익숙하게 만들어 줄 필요가 있습니다.

7 규칙을 정하면 다 같이 지키자

고양이와 생활할 때 규칙 1, 2, 3을 가족 모두가 함께 지키자는 뜻입니다. 사람도 잘못된 행동을 계속 지적받으면 거부감이 생기거나 남의 눈이 없는 곳에서 몰래하기 마련입니다. 칭찬으로 순순히 따르게 하는 것이 좋은 방법입니다. 그러나 7가지 규칙 중에서도 이 규칙은 사람이 지켜야 할 사항이므로 가장 어려운 규칙일 것입니다.

Part 2

고양이와 유대감을 높이는 작은 스킨십

고양이와 생활한 지 얼마 안 되었거나, 고양이와 소통하는 법을 잘 모르거나, 클리커 또는 장난감봉을 처음 사용하는 초보 고양이 주인에게 알맞은 쉽고 즐거운 놀이 레시피를 소개합니다. 아무리 쉬운 방법이라도 성공할 때까지 반복해서 연습하는 것이 가장 중요합니다. 주인과 함께 하는 연습은 고양이에게 아주 즐거운 놀이입니다. 동작이 익숙해지면 완성된 레시피와 새로 도전하는 레시피를 연결해서 연습해 봅시다.

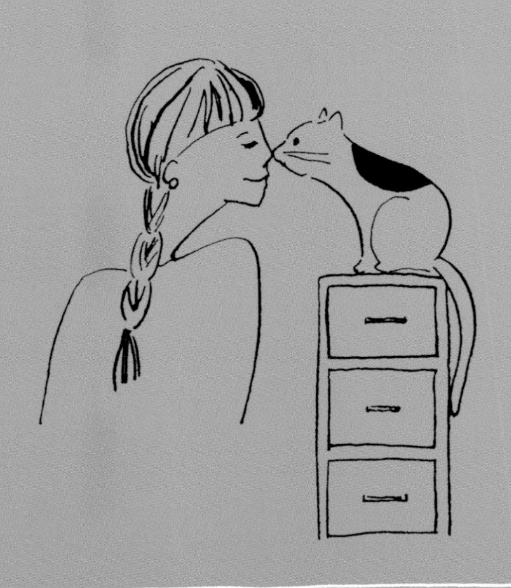

하이파이브

하루의 시작은 하이파이브로!
고양이와 즐겁고 건강한 하루를 보내기 위한 인사를 나눠 봅시다.

우리 고양이가 처음 해준 스킨십이 하이파이브였습니다. 손바닥으로 고양이 발바닥의 감촉을 느끼며 아주 행복했던 기억이 아직도 생생합니다.

"고양이에게 무얼 가르치다니, 힘들지 않아?" 라는 소리를 자주 듣습니다. 하지만 Part 1의 기초를 바탕으로 이 레시피를 연습하면 어느 고양이라도 그런 편견을 뒤집고 신기하게 달라질 수 있습니다.

이미 많은 사람들이 우리 고양이도 할 수 있었다는 성공담을 들려주고 있습니다. 혹시 앞발을 높이 들지 못하는 먼치킨* 같은 고양이를 기른다면 먼저 34~35쪽 '손잡기'에 도전해 봅시다.

【준비물】 장난감봉, 클리커, 간식
【놀이 빈도】 익숙해질 때까지 매일 연습합니다. 익숙해지면 사이를 두고 가끔씩 연습해도 괜찮습니다.

*Munchkin, 난쟁이 또는 귀여운 꼬마라는 뜻으로 북아메리카 고양이의 품종. 유독 다리가 짧아 애완동물로 인기가 많다.

Step
1

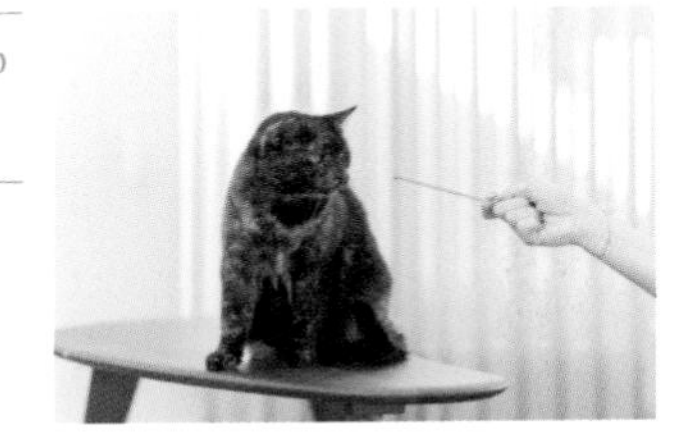

고양이 코에서 10cm 정도 떨어진 곳에서 장난감봉을 내밉니다. 고양이가 관심을 갖도록 장난을 걸 듯 장난감봉을 좌우로 움직입니다.

Step
2

고양이가 앞발로 장난감봉을 건드리면 재빨리 클리커를 누르고 포상을 줍니다. 고양이가 건드린 순간 클리커 소리를 내는 것이 가장 중요합니다.

Step
3

Step 2를 반복 연습해서 장난감봉을 내밀 때마다 고양이가 건드리게 되면 다음 단계로 넘어갑니다. 자기 손과 장난감봉을 같이 고양이 앞에 내밉니다.

Step
4

고양이가 장난감봉을 넘어 손바닥을 터치하면 재빨리 클리커를 누르고 포상을 줍니다. 고양이가 손바닥에 터치한 순간을 포착하는 것이 중요합니다.

Step
5

다음은 고양이가 장난감봉을 터치하려고 다가온 순간 봉을 뒤로 빼고 손바닥을 터치하게 합니다. 터치한 순간 재빨리 클리커를 누르고 포상을 줍니다.

Step
6

Step 5에 익숙해지면 마지막으로 손바닥만 고양이 앞에 내밀어서 터치하게 합니다. 하이파이브에 성공한 것입니다. "잘했어."라고 하고 포상을 줍니다.

손잡기

고양이와 스킨십을 즐길 수 있는 '손!'
알고 보면 발톱 깎기로 이어지는 첫 번째 단계입니다!

'손!' 하고 명령하면 앞발을 내미는 동물은 개밖에 없다고 여기는 사람이 많은 듯합니다. 혹시 '손!'에 반응하는 개의 귀여운 행동을 부러워하면서도 고양이는 못하겠지 싶어 포기하지는 않았나요? 고양이도 올바른 방법으로 배우면 주인의 신호에 맞추어 귀엽게 '손!'을 할 수 있습니다.

이 레시피는 고양이와 즐겁게 스킨십을 나누며 발톱 깎기를 하는 첫 번째 단계입니다. 일상적으로 '손!'에 익숙해지면 고양이를 안고 앞발을 잡아 봅시다. 그것에도 익숙해지면 그 상태에서 발바닥을 주물러 봅니다. 이때 고양이에게 포상을 합니다. 그렇게 스킨십을 하면서 자연스럽게 발톱 깎기도 할 수 있게 됩니다.

【준비물】 장난감봉, 클리커, 간식
【놀이 빈도】 성공할 때까지 매일 연습합니다. 성공하면 가끔씩 연습해도 좋습니다.

하이파이브를 할 때보다 낮은 위치에서 앞발로 장난감봉을 터치하게 합니다. 하이파이브 요령은 32쪽 레시피를 참고 하세요.

Step
2

고양이에게 손바닥을 내밀면서 "손!"이라고 말합니다. 고양이가 앞발을 올리면 성공입니다. "잘했어."라고 칭찬하고 포상을 줍니다.

Step
3

사람의 위치가 바뀌어도 '손!'을 할 수 있도록 연습합니다. 갑자기 위치를 바꿔 고양이의 옆쪽에서 지시하거나 하면 고양이가 어려워하므로 위치는 차츰 바꿔 나갑니다.

고양이가 볼 때 손바닥이 어떤 위치, 어떤 방향에서 나타나더라도 '손!'을 할 수 있게 반복, 연습합니다. 동작을 할 때마다 클리커를 누르고 포상하는 것을 잊지 맙시다.

안아 주기

Step
1

고양이가 편안히 앉도록 무릎에 놓고 안아 줍니다. 평소 '손!'을 할 때처럼 고양이 얼굴 앞에 손바닥을 내밀어서 '손!'을 할 수 있게 연습합니다.
(안아 주기 요령은 73쪽도 참조)

Step
2

손바닥을 내미는 방향이 바뀌어도 '손!'을 할 수 있게 꾸준히 연습합니다. 사람의 자세와 고양이의 자세, 어느 한쪽이 바뀌어도 고양이는 어려워하니 서두르지 말고 반복해서 연습합시다.

팔 터치

고양이가 일어서서 스스로 당신의 팔을 터치한다면? 그 귀여운 모습에 사로잡힌 당신은 고양이의 포로가 될 겁니다.

이 책 표지의 고양이가 취해 준 포즈가 바로 팔 터치입니다. 양쪽 앞발을 제 팔에 툭 걸친 모습은 보고 또 보아도 사랑스럽습니다. 팔 터치를 하면서 고양이가 귀여운 표정으로 바라보면 황홀할 것입니다. 팔 터치는 귀여울 뿐만 아니라 여러 면에서 유익합니다. 34~35쪽 '손잡기'에서처럼 여러 방향에서 팔 터치 연습을 하면 고양이가 부담스럽지 않게 안아 줄 수도 있고, 고양이가 배를 홀딱 내보이기도 하며, 목줄의 크기가 적당한지 움직이기가 불편하지는 않은지 확인하기도 편리합니다. 보기에도 귀엽고, 여러 모로 장점이 많은 팔 터치는 저와 냥마루가 좋아하는 놀이 레시피입니다.

【준비물】 클리커, 간식(장난감봉)
【놀이 빈도】 성공할 때까지는 매일 연습합니다. 익숙해지면 가끔씩 연습해도 됩니다.

Step
1

32쪽에서 소개한 하이파이브가 가능해지면 그 다음에는 하이파이브를 한 순간 반대쪽 팔을 고양이 앞에 내밀어 봅시다. 고양이가 하이파이브를 하면 클리커를 누르고 포상을 줍니다.

Step
2

하이파이브 직후 손에 대고 있는 고양이의 앞발을 그대로 팔에 올리게 합니다. 처음에는 팔로 옮기는 동작이 서툴어도 고양이 앞발이 팔에 닿은 순간 클리커를 누르고 포상을 줍니다.

Step
3

고양이가 앞발을 들어 팔에 올리는 동작이 익숙해지면, 앞발을 올린 상태 그대로 팔을 조금 들어 봅니다. 그러다 고양이가 한쪽 앞발을 팔에 올린 상태에서 다른 쪽 앞발을 들면 재빨리 클리커를 누르고 포상을 줍니다.

Step
4

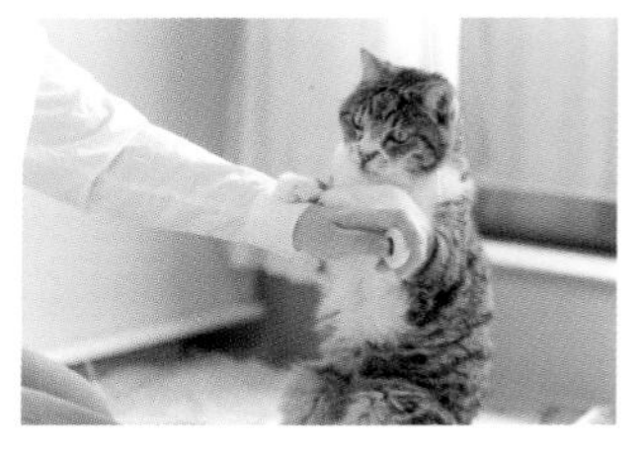

고양이가 앞발을 걸친 팔을 천천히 들어 올립니다. 이때 다른 쪽 앞발도 올리면 클리커를 누르고 포상합니다. 마지막으로 고양이에게 팔을 내밀면서 "팔 터치!"라고 말하고, 고양이가 두 발을 올리면 팔 터치 동작이 완성됩니다.

Point

앞에 나온 놀이가 어렵다면 24~25쪽에 소개한 '장난감봉에 코 대기'부터 연습해 보세요. 고양이보다 높은 위치에서 장난감봉을 내밀어 고양이가 일어서서 앞발을 들고, 고양이가 일어섰을 때 팔을 앞으로 내밀면 고양이가 앞발을 내리다가 팔에 닿을 것입니다. 그 순간 클리커를 누르고 "앞발로 팔을 건드리는 게 정답이야."라고 가르쳐 줍니다. '손 잡기'부터 시작할 경우 낮은 위치에서 손을 내밀고 고양이가 '손!'을 하게 만듭니다. 천천히 손바닥을 빼고 고양이가 팔을 터치하도록 반복해서 연습합니다.

코 키스

평소 새침하던 고양이가 코 키스를 해준다면 얼마나 기쁠까요?
코 키스는 고양이와 스킨십을 나누기 위한 첫걸음입니다.

코 키스는 고양이끼리 코를 대는 인사입니다. 그렇다면 사람도 고양이와 쉽게 코 키스를 할 수 있겠다고 생각할 겁니다. 하지만 고양이는 사람이 얼굴을 가까이 대면 싫어하는 경우도 있습니다. 고양이를 관리할 때 사람이 얼굴을 가까이 대는 것은 흔한 일입니다. 그럴 때 고양이가 싫어하지 않도록 먼저 코 키스부터 적응시켜 봅시다. 물론 고양이의 자발적인 의지가 중요합니다. 주인도 얼굴을 가까이 내밀어서 고양이가 코 키스를 쉽게 하도록 도와주면서 도전해 봅시다. 고양이가 얼굴을 핥을 가능성도 있습니다. 만약 화장을 했다면 고양이 몸속으로 화장품 성분이 들어가 해로울 수 있으니 코 키스를 할 때는 화장을 지우는 게 좋습니다.

【준비물】 클리커, 간식
【놀이 빈도】 성공할 때까지는 매일 연습합니다. 익숙해지면 가끔씩 연습해도 됩니다.

*인수공통감염병을 피하기 위해 고양이가 입을 핥으면 물로 씻어야 합니다.

Step
1

고양이가 테이블 같은 곳에 올라가게 한 다음 고양이와 눈높이를 맞추어 앉습니다. 고양이가 놀라지 않도록 천천히 고양이 코끝에 집게손가락을 내밉니다.

Step
2

고양이가 집게손가락의 냄새를 맡듯이 코를 가까이 댄 순간 클리커를 누르고 포상을 줍니다. 이때 클리커를 누르는 타이밍을 놓치지 않도록 주의합니다.

Step
3

고양이 앞에 내밀었던 집게손가락을 조금씩 뒤로 빼면서 고양이가 얼굴을 내밀며 다가오도록 유도합니다. 성공할 때까지 여러 번 연습합니다.

Step
4

고양이가 집게손가락에 코를 대면 재빨리 클리커를 누르고 포상합니다. 이때 살짝 건드린 정도라도 괜찮습니다.

Step
5

집게손가락에 코를 대는 동작에 성공하면 고양이가 얼굴을 가까이 댄 순간 손가락을 치웁니다. 고양이의 코가 자신의 코에 닿는 순간 클리커를 누르고 포상합니다.

Step
6

마지막으로 "코!"라고 하면서 손가락으로 신호를 주면서 자신의 코를 조금 앞으로 내밀어 고양이가 코 키스를 하게 합니다. 성공하면 "잘했어."라고 칭찬하고 포상을 줍니다.

머리를 쓰담쓰담

고양이 머리를 쓰다듬는 행동은 스킨십의 첫걸음.
고양이가 손을 겁내지 않게 만드는 것도 중요합니다.

고양이가 귀여운 표정으로 바라보거나 놀이 레시피 연습을 열심히 할 때면 저절로 머리를 쓰다듬어 주고 싶어집니다. 그때 고양이도 머리를 쓰다듬으며 칭찬해 주길 바랄 거라고 생각할지 모르지만, 착각입니다. 고양이는 자기 머리 위에서 사람 손이 불쑥 나타나면 불쾌해합니다. 아무리 그렇더라도 쓰다듬어 주고 싶은 마음은 인지상정이겠지요. 이러한 생각의 차이를 쓰담쓰담 놀이를 통해 메워 보겠습니다. 쓰다듬어 주면 좋아하는 고양이라도 이번 기회에 어느 부위를 쓰다듬어 주면 더 좋아할지 관찰도 할 겸 도전해 보시기 바랍니다. 쓰다듬어 주면 좋아하는 부위를 찾거나, 기분 좋게 쓰다듬는 방법을 발견한다면 더할 나위 없겠지요.

【준비물】 간식
【놀이 빈도】 성공할 때까지는 매일 연습합니다. 익숙해진 후에도 매일 연습합시다.

Step
1

고양이 머리 위에서 가볍게 주먹을 쥔 손으로 간식을 5알 정도 주고 다 먹은 타이밍에 손을 치웁니다. 이 동작을 반복해서 고양이가 머리 위에 있는 주먹에 익숙해지게 만듭니다.

Step
2

고양이가 머리 위에 주먹을 가까이 대는 동작에 익숙해지면 주먹으로 고양이 머리를 살짝 건드리면서 포상을 줍니다. 고양이가 싫어할 때는 Step 1부터 다시 반복해서 연습합니다.

Step
3

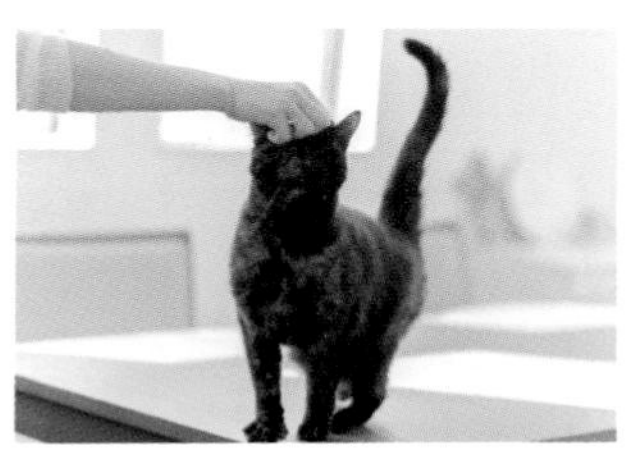

Step 2가 가능해지면 주먹으로 고양이 머리를 한 번 쓸어 줍니다. 곧바로 "잘했어."라고 말하고 또 포상을 줍니다. 이 동작을 여러 번 반복합니다.

Step
4

고양이가 기분 좋게 느낄 만한 부위(예컨대 턱밑)를 손가락으로 긁어 주면서 곧바로 "잘했어."라고 말하고 포상을 줍니다. 이 동작을 여러 번 반복합니다.

Point

쓰담쓰담에 익숙하지 않은 고양이는 손바닥을 보면 자기를 붙잡는 줄 알고 몸을 움츠리는 경우가 있습니다. 처음에는 가볍게 주먹을 쥐고 시도해 봅시다. 쓰다듬기보다 손가락 끝으로 쓱쓱 긁어 주면 훨씬 기분 좋게 느끼는 고양이도 있습니다. 턱밑에서부터 귀밑까지 시원하게 긁어 주면 좋습니다.

Mini Lecture | 3

글 : 아오키 아유미

놀이가 중요한 이유

교육은 혼내는 것?

고양이는 아주 오랜 시간에 걸쳐 사람과 함께 생활하도록 개량된 동물입니다. 하지만 요즘처럼 실내에서 사람과 밀접한 관계를 맺고 생활할 때, 손이 가지 않는 동물이라고 하여 방치하면 문제 행동을 일으키리라는 것은 충분히 예상할 수 있습니다. 장난이나 파괴 행동 때문에 애를 먹거나, 다른 사람과 원만하게 지내지 못하거나, 만지거나 안지 못하게 하여 병에 걸렸을 때 돌보는 데 어려움을 겪는 상황 등은 고양이와의 소통이 원활하지 못했기 때문입니다. 다시 말해 적절한 교육이 이루어지지 않은 탓입니다. 고양이에게 교육이라니? 고개를 갸웃할지도 모르겠습니다. 그런 의문이 드는 이유는 고양이를 교육하기가 불가능해서일까요? 아니면 고양이를 혼내면 불쌍해서일까요?

둘 다 잘못된 인식이지만 그것을 상식이라고 믿는 사람이 적지 않습니다.

상관할 것, 상관하지 않을 것

고양이에 대한 이러한 오해가 문제 행동을 초래한다는 사실은 잘 알려져 있지 않습니다. 교육은 곧 혼내는 것이라는 생각이 일반적입니다. 예를 들면 개가 문제 행동을 하면 혼을 내서 못하게 하는 경우가 많습니다. 그러나 문제 행동을 주시하고 말로 혼내면 문제 행동의 빈도가 증가합니다. 벌을 주어 못하게 하면 그만두기는커녕 짖어 대고 사람을 무는 등 행동은 더욱 악화됩니다.

고양이는 조금 다릅니다. 개와 달리 고양이는

교육시키지 않는 것이 상식입니다. 배변 교육을 한 번 하고 나면 그 다음부터는 고양이가 알아서 하게 놔 둡니다. 당연히 집안은 엉망이 됩니다. 고양이는 불쾌감, 불안감, 두려움이 느껴지는 상황은 피하려는 경향이 강합니다. 따라서 누군가가 자기 몸을 만지거나, 낯선 손님이나 새로운 사물이 나타나면 피하고 숨어 버립니다. 특히 자극이 부족한 실내 생활을 하는 고양이는 사소한 변화에도 민감하게 반응합니다. 몸을 숨기고 모습을 감추는 일은 아주 흔합니다. 사람들은 그런 반응이 지극히 고양이답다고 생각합니다. 주인은 고양이가 싫어하면 아주 사소한 자극으로 인한 변화라도 바로 제거해 버립니다. 그러면 고양이가 더욱더 겁이 많아지는 악순환에서 벗어나지 못합니다. 흔히 공격적인 개, 신경질적인 고양이라고 하는데, 이는 잘못된 상식이 빚어 낸 편견입니다.

방임주의도, 혼내는 교육도 아닌 제3의 방법

가정에서 생활하는 고양이는 학습하기 쉬운 환경과 적극적인 교정 교육이 필요합니다. 이때 기초가 되는 것이 바른 행동을 하면 칭찬하는 일입니다. 바른 행동의 횟수와 종류를 늘려 봅시다. 교육과 트레이닝은 새끼 고양이가 아니면 어렵다고 알려져 있지만(이것도 잘못된 인식입니다), 동물은 죽을 때까지 학습을 합니다. 다 성장해서 나이가 많은 고양이도 학습할 수 있습니다.

먼저 고양이와 노는 것부터

고양이의 문제 행동 때문에 난처해지면 당장 못하게 하는 방법이 무얼까 몹시 궁금할 겁니다. 하지만 그런 생각은 잠시 잊고, 고양이에게 쉽고 귀여운 행동을 가르치면서 훈련을 즐겨 봅시다. 고양이의 귀여운 행동을 보며 함께 즐거워하면서 가르치는 것을 이 책에서는 놀이라고 부릅니다. 몇 가지 귀여운 행동을 가르치고 칭찬하는 요령을 익혔다면 7가지 규칙을 다시 읽어 보고 규칙 1부터 규칙 5를 시도해 봅시다. 틀림없이 자기도 모르는 사이에 고양이의 문제 행동도 해결하리라 믿습니다.

Part 3

고양이의 몸과 마음을 위한 간단한 운동

실내에서 지내는 고양이의 최대 고민거리, 운동 부족. 빈둥거리기만 하면 고양이도 심심할 겁니다. 여기서는 심심한 고양이를 위해 매일매일 운동 부족을 해소할 수 있는 놀이 레시피를 제안합니다. 장난감 놀이도 중요하지만 누워서 데굴데굴 구르며 재롱을 부리는 것만으로는 운동 효과가 없습니다. 주인과 어울리며 운동할 수 있는 놀이 레시피를 모아 봤습니다. 날마다 쌓이는 운동량이 우리 고양이의 비만을 예방합니다.

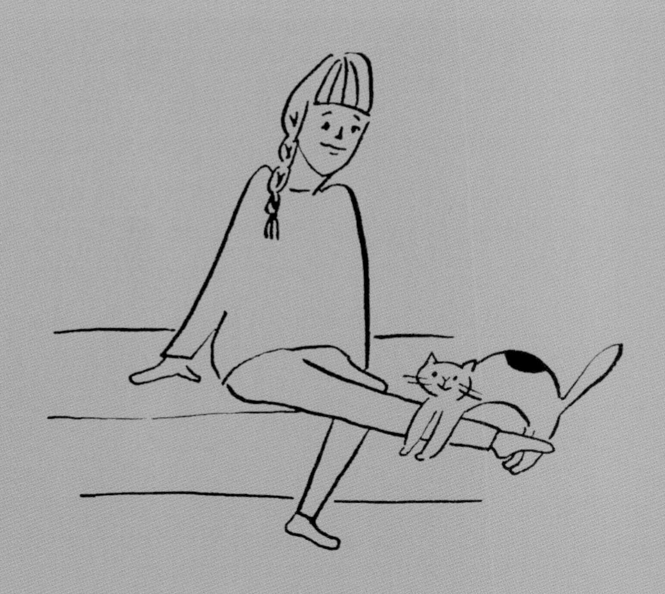

톡톡 두드리기

손바닥으로 지시한 곳에 고양이가 껑충 뛰어오릅니다.
운동 부족 해소는 우선 이 동작부터.

손바닥으로 지시한 곳에 고양이가 뛰어오르는 훈련을 하는 동작입니다. 집안에서도 가능한 상하 운동이지요. 캣타워, 옷장 위, 내달이창 등 다양한 장소에서 상하 운동을 할 수 있도록 '톡톡' 신호를 가르칩니다.

처음에는 고양이가 어딘가에 뛰어오르려고 하는 순간을 포착해서 톡톡 두드려 신호를 줍니다. 그렇게 해서 올라가면 포상을 줍니다. 물론 주인이 올라갔으면 하고 바라는 곳에 고양이가 올라가는 건 아닙니다. 따라서 처음에는 고양이가 올라가고 싶어 하는지 아닌지를 유심히 관찰하고 판단해 함께 반응해 주는 것부터 시작합시다.

【준비물】 클리커, 간식
【놀이 빈도】 성공할 때까지는 매일 연습합니다. 익숙해지면 가끔씩 연습해도 됩니다.

Step 1

고양이를 유심히 관찰합니다. 고양이가 올라가고자 하는 곳을 손으로 톡톡 두드립니다. 그 자리로 고양이가 올라오면 재빨리 클리커를 누르고 포상을 줍니다.

Step 2

Step 1을 반복해서 연습한 뒤 고양이가 좋아하는 장소를 톡톡 두드립니다. 그곳에 고양이가 올라가면 재빨리 클리커를 누르고 포상을 줍니다. 이 동작을 몇 번 반복해서 연습합니다.

Step 3

여러 장소에서 반복 연습하고 난 다음 고양이가 올라가길 바라는 곳을 톡톡 두드려 고양이가 올라가게 합니다. 톡톡 소리에 맞추어 고양이가 올라올 때마다 "잘했어."라고 말하고 반드시 포상을 줍니다.

Step 4

손바닥으로 톡톡 신호를 보내서 올라가게 하고 싶은 자리를 고양이에게 가르쳐 줄 수 있습니다. 고양이가 톡톡 소리에 맞추어 올라오면 "잘했어."라고 말하고 포상하는 것을 잊지 마세요.

Point

고양이 운동에서 가장 중요한 동작은 '뒷다리 점프'입니다. 사실 장난감 놀이만으로는 운동이 충분하지 않습니다. 이 책의 놀이 레시피에는 없지만 조금씩 높은 곳에도 올라갈 수 있도록 점프 연습도 도전해 보기 바랍니다. 왜냐하면 사람 허리 높이쯤까지는 점프를 해야 운동 부족에 도움이 되기 때문입니다. 고양이가 톡톡 신호를 익히면 어느 정도 떨어진 곳에서도 내 쪽으로 오게 하거나, 무릎 위에 올라오게 하거나, 안아 줄 때 편리합니다. 톡톡 두드리기는 다양한 응용이 가능하니 이번 놀이 레시피를 확실히 연습해서 마스터하기 바랍니다.

일어서기

윗몸을 일으켜 벌떡 일어서기.
고양이의 다양한 귀여운 모습이 기대되는 레시피입니다.

고양이가 일어서서 놀자고 조르는 모습은 참으로 사랑스럽습니다. 나도 모르게 간식을 주고 싶어집니다. 일어섰을 때 앞발의 위치(자세)가 고양이마다 개성적이라서 더욱 귀엽습니다. 앞발이 자연스럽게 높이 올라가는 고양이, 왠지 한쪽 앞발만 올리는 고양이, 양쪽 앞발을 내린 채 뒷발로 벌떡 일어서는 고양이. 저마다 일어서는 방법이나 모습이 각양각색입니다.

우리 고양이가 어떤 자세로 일어서는지 알기 위해서라도 꼭 도전해 보시기 바랍니다. 고양이가 일어서기에 능숙해지면 그에 대한 포상으로 고양이가 좋아하는 간식을 꼭 챙겨 주세요.

【준비물】 클리커, 간식
【놀이 빈도】 성공할 때까지는 매일 연습합니다. 익숙해지면 가끔씩 연습해도 됩니다.

Step 1

고양이 머리 위에서 천천히 손을 내밀어 집게손가락을 코앞에 댑니다. 이때 손가락을 갑자기 내밀면 고양이가 놀라 도망갑니다. 고양이가 손을 무서워하면 40쪽 '머리를 쓰담쓰담'을 다시 연습합시다.

Step 2

고양이가 목을 빼고 집게손가락에 코를 대려고 하면 클리커를 누르고 포상을 줍니다. 성공할 때까지 여러 번 연습합니다. 고양이가 싫증내지 않게 단시간에 한 세트씩 반복합니다.

Step 3

Step 2가 익숙해지면 집게손가락을 내밀 때 위치를 점점 높여 봅니다. 고양이가 앞발을 조금이라도 들면 재빨리 클리커를 누르고 포상을 줍니다.

Step 4

Step 3에 성공하면 집게손가락의 위치를 더 높여서 고양이가 일어서게 합니다. 양쪽 앞발을 완전히 들면 재빨리 클리커를 누르고 포상을 줍니다.

Step 5

Step 4에 성공하면 분명하게 "일어나!"라고 말하면서 고양이 얼굴 앞에다 집게손가락을 내밉니다. 고양이가 일어서면 성공입니다. "잘했어."라고 말하고 포상을 줍니다.

8자로 움직이기

**주인의 다리 사이로 8자를 그리며 걷는 고양이.
그 귀여운 모습을 볼 수 있는 놀이입니다.**

외출했다가 집에 들어서면 고양이가 현관에 나와 맞아 주며 발치를 맴돕니다. "걸리적거리잖아."라고 말은 해도 실은 귀여워 어쩔 줄 모를 겁니다. 고양이 주인으로서 얻는 큰 기쁨이지요.

이번 레시피는 고양이의 이런 평소 행동과 비슷한 동작이라 가르치기 쉽습니다. 처음에는 손가락으로 유도하다가 점점 인위적인 유도를 줄여 가는 게 포인트입니다. 우선 고양이가 주인의 한쪽 다리 주위를 한 바퀴 돌게 하는 것에 목표를 두어 놀이 레시피를 시작합니다. 고양이가 꼬리를 세우고 내 다리 근처에서 맴도는 모습을 내려다보면 입 꼬리가 절로 올라갈 겁니다.

【준비물】 클리커, 간식
【놀이 빈도】 성공할 때까지는 매일 연습합니다. 익숙해지면 가끔씩 연습해도 됩니다.

Step 1

고양이를 바라보고 서서 다리를 벌립니다. 왼손을 뒤로 돌려서 집게손가락으로 고양이를 유도하여 다리 사이로 지나가게 합니다. 고양이가 다리 사이로 다가오면 클리커를 누르고 포상을 줍니다.

Step 2

Step 1을 성공하면 다음은 고양이가 왼손 집게손가락을 따라 다리 사이를 빠져나간 다음 왼쪽 다리 옆을 지나치는 순간 클리커를 누르고 포상을 줍니다.

Step 3

Step 2에 이어서 이번에는 오른손 집게손가락으로 고양이를 유도합니다. 고양이가 다리 사이로 지나간 순간 클리커를 누르고 포상을 줍니다.

Step 4

Step 3을 성공하면 고양이가 오른손 집게손가락을 따라 오른쪽 다리 옆을 지나 주인 앞으로 오게 합니다. 앞으로 오면 클리커를 누르고 포상을 줍니다.

Step 5

Step 1, 2, 3, 4를 연결해서 '다리 사이로 빠져나와 앞으로 돌아오기'라는 일련의 동작을 수행합니다. 고양이가 앞으로 돌아오면 클리커를 누르고 포상합니다. 왼쪽, 오른쪽 두 방향으로 반복해서 연습합니다.

Step 6

Step 5에서 수행한 일련의 동작에 익숙해지면 다리 사이를 지나 왼쪽에서 오른쪽으로 연달아 이동하게 합니다. 고양이가 다리 사이로 8자를 그리듯이 걸어가면 성공입니다. 능숙해지면 "잘했어."라고 말하고 포상을 줍니다.

무릎 위로 껑충

**주인 무릎에 올라가고 싶어 하는 고양이의 마음과
고양이를 안아 주고 싶은 주인의 마음을 가깝게 만드는 첫걸음.**

안기기 싫어하는 고양이도 주인 무릎에 올라가기를 좋아합니다. 무릎 위에 올라와도 구속하지는 않는다는 뜻을 반복해서 알려 주면 안기기 싫어하는 고양이도 "한 번 올라가 볼까? 재미있겠는걸!"라고 생각할 겁니다.

이번 놀이 레시피에서는 주인이 원할 때 무릎에 올라오게 하는 연습이 함께 이루어집니다. 그리고 모처럼 고양이가 무릎 위에서 얌전히 앉아 있을 때 부득이 일어서야 할 경우가 종종 있습니다. 그때 갑자기 안아서(구속해서) 내려놓으면 즐거운 기분도 달아납니다. 반드시 '내려와!'라는 연습도 해두어야 합니다. 무릎을 오르내리는 연습을 여러 번 반복하면 훌륭한 운동이 됩니다.

【준비물】 클리커, 간식, 무릎담요
【놀이 빈도】 성공할 때까지는 매일 연습합니다. 익숙해지면 가끔씩 복습해도 됩니다.

Step
1

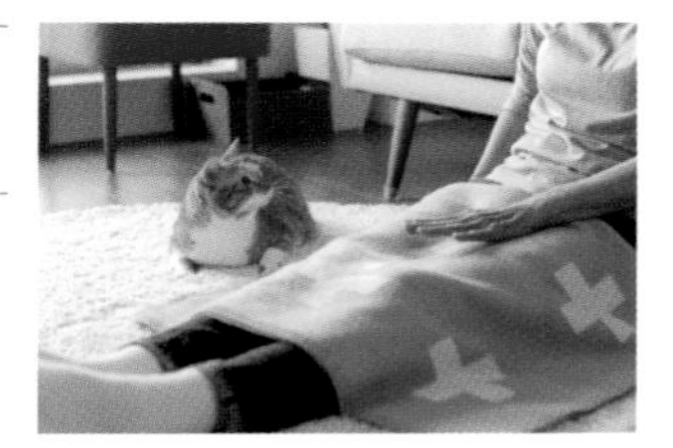

바닥에 다리를 펴고 앉아서 무릎을 톡톡 두드립니다. 다리는 기다란 봉처럼 둥그스름해서 고양이가 올라앉기에는 조금 불안합니다. 고양이가 미끄러지지 않게 무릎담요 같은 것을 덮으면 좋습니다.

Step
2

톡톡 신호를 보내서 고양이가 무릎에 올라오면 클리커를 누르고 무릎 위에서 포상을 줍니다. 이것을 몇 번 반복합니다. (만약 이 동작을 성공하면 Step 3은 생략해도 좋습니다.)

Step
3

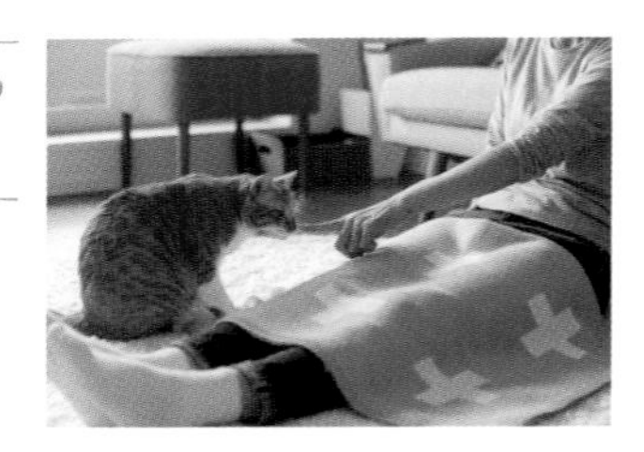

집게손가락으로 고양이를 유도합니다. 고양이가 무릎 위에 올라오면 클리커를 누르고 포상합니다. 집게손가락으로 Step 1과 3을 두세 번 반복하면서 손가락으로 유도하는 시간을 점점 짧게 하면 톡톡 신호만으로도 고양이가 무릎 위에 올라옵니다.

Step
4

무릎의 위치를 점점 높여 갑니다. 방석을 여러 겹으로 깔고 앉아 무릎을 툭툭 두드려 신호를 보냅니다. 고양이가 무릎 위로 올라오면 클리커를 누르고 포상을 줍니다. 실패하면 Step 3과 같은 방식으로 연습합니다.

Point

집게손가락으로 고양이를 유도하는 방법으로 '내려와!'를 해봅시다. 고양이가 무릎에 올라와 있을 때 코끝에다 손가락을 내밉니다. 고양이가 관심을 보이면 분명하게 "내려와!"라고 말하고 손가락으로 바닥을 가리킵니다. 처음에는 무릎을 약간 펴서 고양이가 내려가기 쉽게 유도해도 좋습니다.

다리 위로 점프

주인의 다리를 멋지게 뛰어넘는 놀이로
운동 부족을 해소해 줍시다.

점프는 고양이에게 반드시 필요한 운동 중 하나입니다. 하지만 실내에서 기르는 고양이는 한정된 공간에서 생활하는 탓에 아무래도 운동량이 부족합니다.

운동 부족 해소를 위해서 주인과 놀면서 점프할 기회를 만드는 놀이 레시피를 소개합니다. 소파에 앉아서도 고양이를 운동시킬 수 있는 다리 점프. 피곤하거나 놀아 줄 시간이 부족할 때도 운동 부족을 효과적으로 해소시키는 방법입니다. 52~53쪽 '무릎 위로 껑충' 놀이에서 이어지는 동작이므로 꼭 연속해서 시도해 보시기 바랍니다.

【준비물】 클리커, 간식
【놀이 빈도】 성공할 때까지 매일 연습합니다. 동작을 습득한 뒤에도 운동의 일환으로 매일 또는 이틀에 한 번꼴로 연습합니다.

Step
1

소파에 앉아서 무릎을 톡톡 두드려 신호를 보냅니다. 고양이가 올라오면 클리커를 누르고 무릎 위에서 포상을 줍니다.

Step
2

손가락을 사용해서 반대편으로 고양이를 유도하여 무릎에서 내려오게 합니다. 고양이가 바닥에 내려온 순간 클리커를 누르고 포상을 줍니다.

Step
3

곧장 반대편으로
내려가자냥.

Step 2를 성공하면 소파에 걸터앉습니다. 고양이를 무릎에 올라오게 해서 곧장 반대편으로 내려가게 하는 연습을 반복합니다. 무릎에 올라온 순간 클리커를 누르고 바닥에 내려갔을 때 포상을 줍니다.

Step
4

주인의 양쪽 다리를 넘어갈 때처럼 한쪽 다리에서 오르내리는 동작을 연습시킵니다. 고양이가 다리에서 내려오는 순간 클리커를 누르고 포상을 줍니다.

Step
5

Step 4를 할 수 있게 되면 한쪽 다리에 올라가서 바로 내려오는 동작을 연습시킵니다. 고양이가 내려오기 쉽게 무릎을 약간 내려 줍니다.

Step
6

소파에 바르게 앉아서 한쪽 다리를 서서히 펴면서 연습합니다. 펴진 다리를 넘어갔을 때 클리커를 누르고 바닥에 내려오면 포상을 줍니다.

Step
7

무릎을 톡톡 두드리자마자 손가락으로 방향을 가리키며 "점프!"라고 말합니다. 고양이가 다리를 뛰어 넘으면 "잘했어."라고 말하고 포상을 줍니다.

사냥놀이로 진검 승부

**먹잇감을 노리는 고양이의 본능을 자극하는 사냥놀이,
연출을 통해 낚시 기술을 습득합시다.**

고양이의 본능을 자극하는 기술을 습득하기 위한 주인용 레시피입니다. 고양이가 무언가를 쫓거나 잡는 모습은 보기에는 노는 것 같아도 고양이에게는 식량을 얻기 위한 진검 승부입니다. 평소 태평하게 지내는 집고양이는 물론 모든 고양이에게는 사냥 본능이 있습니다. 주인도 시간 날 때만 놀아 주지 말고 진지하게 장난감 봉 등으로 사냥감 연기를 해봅시다. 고양이의 사냥감은 쥐, 새, 뱀, 벌레 등입니다.

고양이는 배가 고플 때 사냥을 합니다. 따라서 이 놀이는 식사 시간 전에 하는 편이 좋습니다. 고양이는 날이 밝기 전 새벽 시간과 해 질 무렵 저녁 시간에 가장 많이 활동합니다. 일부러 방을 어둡게 하면 '사냥놀이'의 분위기를 고조시키기에 아주 좋습니다.

【준비물】 고양이 취향에 맞는 장난감 【놀이 빈도】 운동을 목적으로 연습 및 복습을!

※여기서 쥐, 새, 뱀, 벌레(곤충)를 잡는 놀이를 각각 쥐잡기, 새잡기, 뱀잡기, 벌레잡기라고 하겠습니다.

쥐잡기

Step 1

쥐가 움직이듯이 장난감봉을 휘두릅니다. 쥐는 방안 구석구석을 빠르게 돌아다니다가 갑자기 멈추기도 합니다. 장난감봉으로 그런 쥐의 움직임을 흉내 내어 고양이의 주의를 끄는 동작입니다.

Step 2

쥐는 위험을 감지한 순간 재빨리 보이지 않는 곳이나 구멍으로 숨어 버립니다. 그것을 흉내 내어 가구나 카펫의 가장자리를 따라 장난감봉을 움직이기도 하고, 카펫 밑에 숨겨 놓아 봐도 좋습니다.

새잡기

Step 1

새를 흉내 내어 장난감봉을 움직이는 연습입니다. 고양이도 공중에 떠 있는 것을 잡기는 어렵습니다. 고양이는 먹이를 먹는 새나 다친 새, 이제 막 독립하여 잘 날지 못하는 어린 새를 노립니다.

Step 2

아기작아기작 걷는 새가 고양이를 보고 재빨리 날아가려는 모습을 재현해 봅시다. 급히 날아가면서 파드득거리기도 하고, 잘 날지 못하여 좌우로 흔들리는 등 다양하게 해보면 더욱 좋겠습니다.

뱀잡기

뱀의 움직임을 상상하면서 장난감봉을 움직이는 연습입니다. 장난감봉을 바닥에서 S자로 움직여 봅니다. 천천히 움직이다가 갑자기 빠르게 휘두르는 등 다양한 움직임을 궁리해 봅시다.

벌레잡기

벌레를 잡는 고양이도 있습니다. 그러니 곤충의 움직임도 연습해 봅시다. 마른 풀 속에 있는 벌레를 상상하며 신문지나 종이 봉투 속처럼 바스락바스락 소리가 나는 곳에서 장난감봉을 움직여 봅니다.

Mini Lecture | 4

퍼즐 피더 puzzle feeder 로 놀자

먹기 위하여 시간과 노력을 들이게 하자!

퍼즐 피더(이하 퍼즐)는 고양이가 놀면서 지혜를 발휘하여 먹이나 간식을 얻는 급식 도구입니다. '푸드 퍼즐'이라고도 합니다. 고양이의 환경에 변화를 일으켜 머리를 쓰게 하고 자극을 주어 무료해 하는 일 없이 먹이를 먹게 합니다. 이른바 '행동 풍부화' 개념입니다. 구체적인 방법으로 퍼즐은 아주 효과적입니다.

본디 동물은 대부분의 활동을 먹이 잡는 일에 할애합니다. 고양이의 먹이 잡는 활동은 사냥입니다. 사냥은 사냥감을 잡아먹는 행동만이 아닙니다. 사냥감을 잡기 위해 자기 영역을 순찰하거나 사냥감을 물색하고 매복하는 등의 행동이 포함됩니다. 그렇다면 오늘날 실내에서 사육되는 고양이의 생활은 어떨까요? 먹이는 정해진 시간에 그릇에 담겨 눈앞에 놓이거나, 하루 종일 먹이 그릇에 들어 있거나 합니다. 이런 취식 방법으로는 동물 본연의, 고양이가 지닌 본래의 활동 시간은 적절히 분배되지 않습니다. 그런 까닭에 고양이가 먹이를 먹으려면 일부러 시간과 노력을 들이게 해야 합니다. 구체적인 방법의 하나로 퍼즐을 추천합니다.

퍼즐은 직접 만들어도 좋고, 시판 제품을 사용해도 괜찮습니다. 여기서 중요한 점은 사고가 나지 않도록 주의하는 일입니다. 사소한 부주의가 사고로 이어질 수 있으니 특히 처음에는 주인이 지켜보고 안전한지 확인한 다음 시작하십시오.

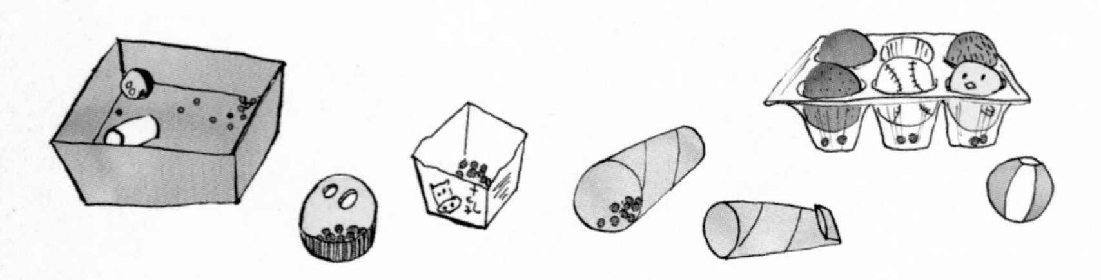

왼쪽부터 간식을 뿌려 놓은 빈 상자, 구멍을 뚫어서 굴리면 간식이 나오게 만든 빈 뽑기 캡슐, 입이 바닥에 닿을까 말까 한 길이로 자른 다음, 간식을 넣은 우유팩, 간식 몇 알을 넣은 휴지 심지, 간식을 담고 그 위에 고양이 장난감을 엎어서 가린 달걀판 등 간단히 만들 수 있으며, 퍼즐 피더도 다양합니다.

고양이를 즐겁게 하려면 고양이의 감각을 의식합시다

①시각	고양이는 시각에 의지해서 간식을 찾는 경향이 강합니다. 그러니 투명한 용기를 사용하거나 아니면 다른 아이디어를 내보는 것도 좋습니다.
②청각	고양이는 소리에 민감합니다. 먹잇감을 소리로 찾아내기도 합니다. 그러므로 소리가 나는 퍼즐이 흥미를 끌기 쉽습니다.
③후각	고양이가 식욕이 없을 때 음식 냄새를 풍기면 먹이를 먹는 경우도 있습니다. 그 정도로 고양이의 식욕은 후각과 밀접한 관련이 있습니다. 퍼즐 피더를 처음 사용할 때는 냄새가 강한 간식을 담아 봅시다.

무엇에 쓰는 물건인고?

주인이 퍼즐 피더(이하 퍼즐)를 준비해서 고양이 앞에 그냥 놔 두었습니다. 퍼즐을 처음 본 고양이의 반응은 "이게 뭐지?"입니다. 애초에 고양이는 별 관심이 없을 테니 주인이 연출을 하여 고양이를 즐겁게 해줍시다.

그리고 고양이의 후각과 청각을 자극하면서 어떻게 하면 고양이가 퍼즐을 좋아할지 고민하는 것도 중요합니다. 고양이가 퍼즐에 관심을 보이면서 앞발로 만지거나 코를 대면 곧바로 클리커를 누르고 포상을 줍니다.

퍼즐에서 간식을 얻지 못해도 괜찮습니다. 처음에는 고양이가 건드리기만 해도 정답이니까요. 그렇게 같이 놀이를 하면서 연습하면 퍼즐에서 간식을 획득하는 실력도 점차 늘어날 겁니다.

또 한 가지 중요한 점은 처음에는 간식을 얻기 쉽게 낮은 레벨부터 시작합니다. 거의 모든 퍼즐에서 간식이 튀어나오게 담아서 쉽게 성공하도록 도와줍니다. 퍼즐을 두세 번 건드려도 간식이 나오지 않는다면 레벨 수준이 높다는 뜻입니다. 처음에는 쉽게 설정해서 "좋았어. 다음에는 더 잘해 보자."라며 고양이가 분발할 수 있도록 격려합니다. 그러면 고양이도 즐겁게 퍼즐을 할 수 있습니다.

바빠서 놀아 주지 못할 때나 빈집에 혼자 남겨 둘 때 유용합니다. 퍼즐을 놀이의 하나로 생활화하여 싫증내지 않도록 신제품에 도전하게 하거나, 갖고 있는 여러 퍼즐을 번갈아 가며 사용하는 등 다양한 놀이 방법을 고안해 보시기 바랍니다.

Mini Lecture | 5

고양이 방을 정리하자

고양이가 쾌적하게 생활하는 데 필요한 요소들을 생각해 봅시다. 고양이가 본래 사용했던 것에 가까운(이상적인) 물건은 무엇인지 알고 난 다음에 우리 고양이의 취향을 찾아가는 일이 중요합니다. 자세한 설명은 62~63쪽을 참고하기 바랍니다.

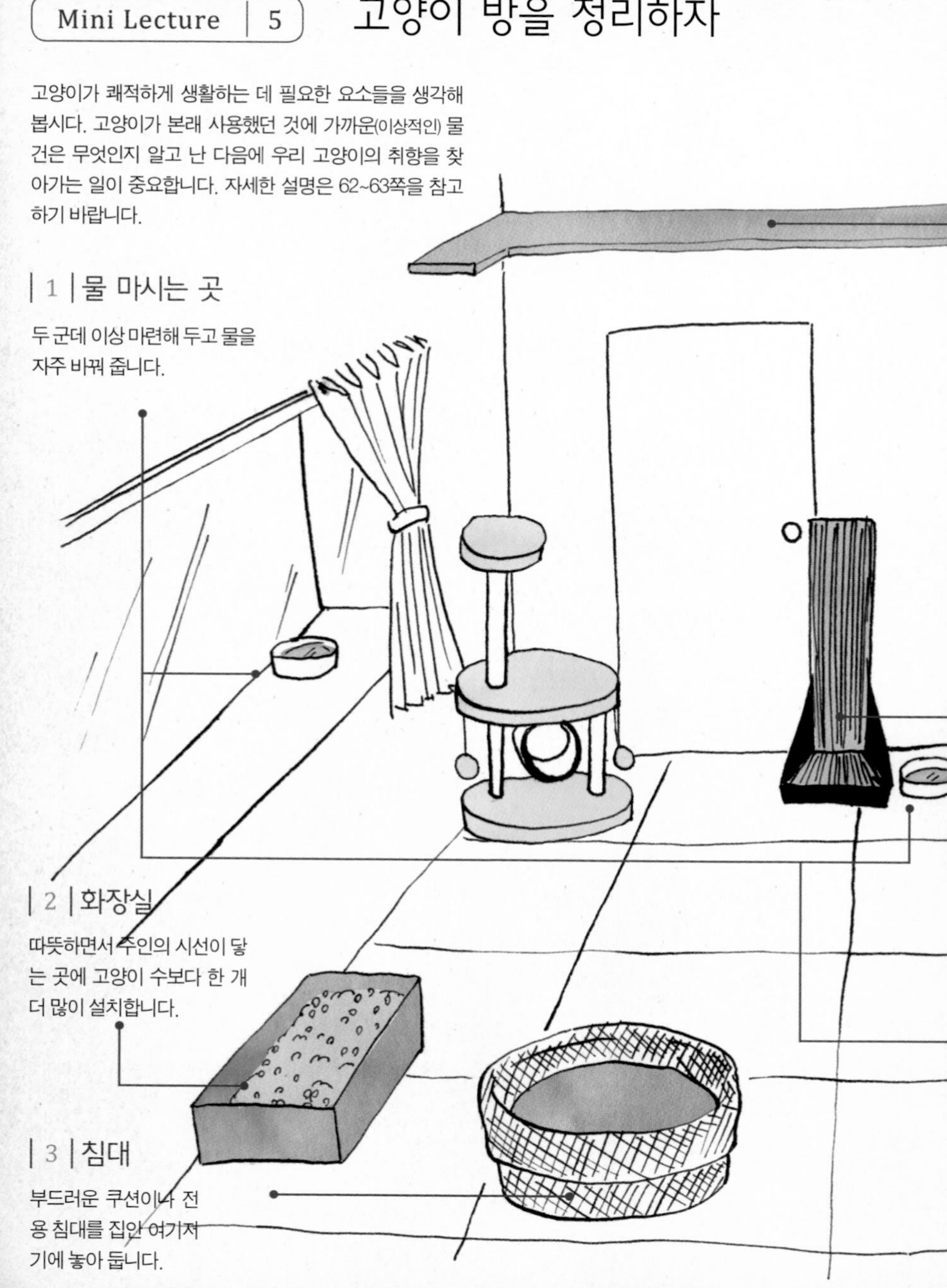

| 1 | 물 마시는 곳

두 군데 이상 마련해 두고 물을 자주 바꿔 줍니다.

| 2 | 화장실

따뜻하면서 주인의 시선이 닿는 곳에 고양이 수보다 한 개 더 많이 설치합니다.

| 3 | 침대

부드러운 쿠션이나 전용 침대를 집안 여기저기에 놓아 둡니다.

집밖에는 고양이에게 위험한 일이 많으니 실내에서만 키우는 것을 권장합니다. 창밖에 관심을 보이는 고양이도 '바깥이 좋다'라기보다는 '훨씬 재미있는 곳이 좋다'라고 여길 뿐입니다. 어떻게 하면 집안을 좀 더 고양이에게 즐거운 장소로 만들어 줄지 그 힌트를 소개하겠습니다.

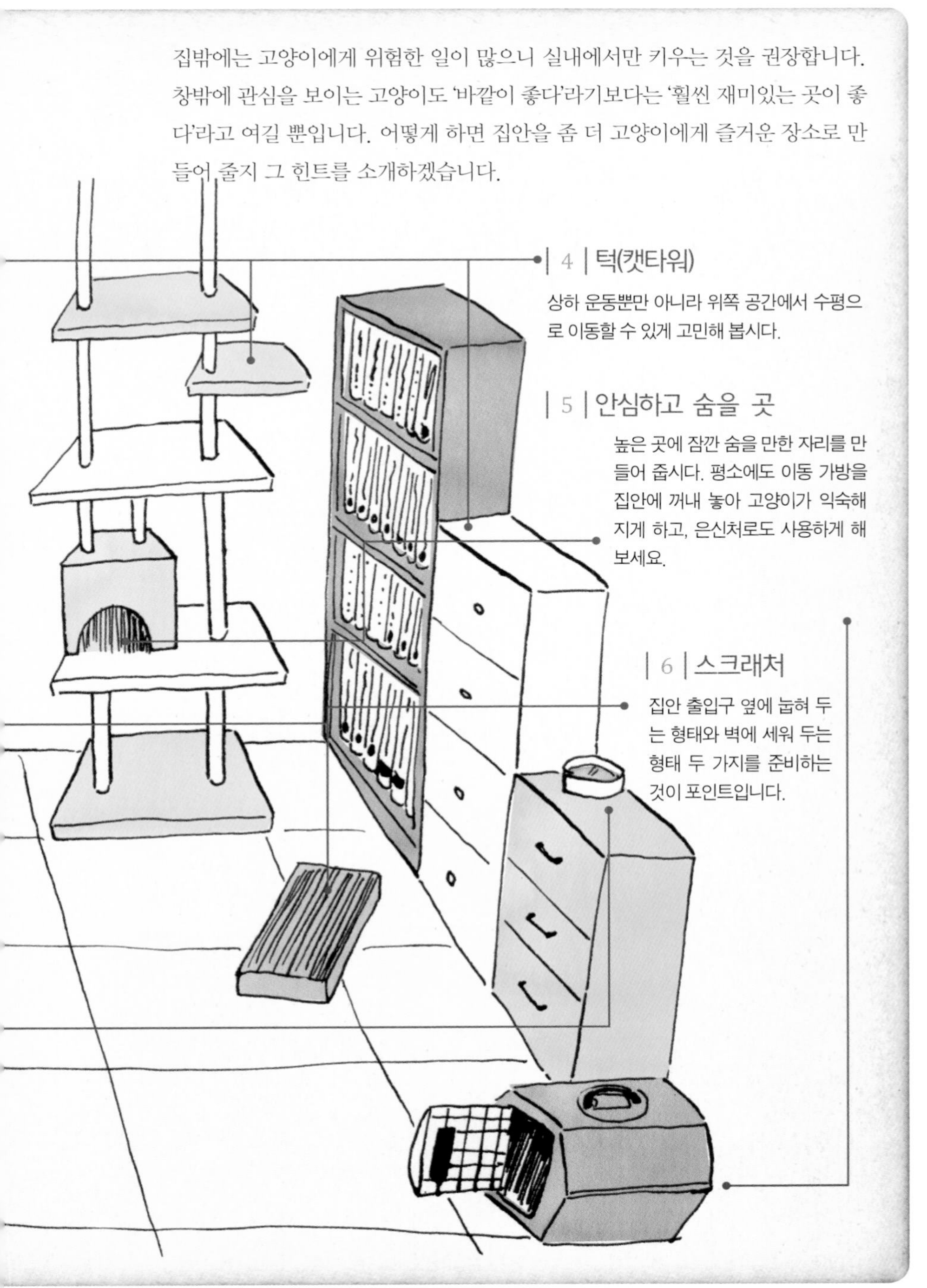

| 4 | 턱(캣타워)

상하 운동뿐만 아니라 위쪽 공간에서 수평으로 이동할 수 있게 고민해 봅시다.

| 5 | 안심하고 숨을 곳

높은 곳에 잠깐 숨을 만한 자리를 만들어 줍시다. 평소에도 이동 가방을 집안에 꺼내 놓아 고양이가 익숙해지게 하고, 은신처로도 사용하게 해 보세요.

| 6 | 스크래처

집안 출입구 옆에 눕혀 두는 형태와 벽에 세워 두는 형태 두 가지를 준비하는 것이 포인트입니다.

고양이에게 좋은 환경이란?

실내에서 쾌적하게 생활하도록 하려면 집안에 고양이 전용 물품을 갖추고 충분히 놀아 주어야 합니다. 집안에서도 고양이를 즐겁게 해줍시다.

고양이는 원래 밖에서 사냥을 하며 살던 동물입니다. 사냥은 고양이의 정체성입니다. 고양이의 사냥 본능을 제한했다는 인식을 갖고 사냥을 대신할 무언가를 제공해야 합니다. 그것이 실내 사육을 하면서도 고양이에게 행복감을 주는 요령입니다. 비록 배가 고프지 않더라도 고양이는 사냥을 합니다. 먹기 위해서가 아닌 사냥감을 잡는 것 자체가 고양이의 즐거움이니까요. 집안에서 하는 장난감을 사용한 '모의 사냥'은 실내 생활을 하는 고양이에게 매우 중요한 활동입니다. 56~57쪽 '사냥놀이로 진검 승부'에서 했던 쥐잡기, 새잡기, 뱀잡기, 곤충잡기 활동이나 58~59쪽에서 소개한 퍼즐 피더도 참고하기 바랍니다.

집밖에서 겪을 위험성을 생각해 보자

고양이 방을 정리하기 전에 먼저 고양이가 밖으로 나가면 어떤 일이 생길지 다시 한 번 생각해 봅시다. 다음에 적혀 있는 항목은 고양이가 실내에서만 생활할 때 방지할 수 있는 일들입니다.

- 교통사고를 비롯한 사고
- 임신(중성화 수술을 하지 않은 경우)
- 분별없는 사람의 유괴나 학대
- 백신으로도 예방하지 못하는 감염증
- 고양이끼리 싸우다가 입게 될 부상

고양이 방에 필요한 용품

일반적인 고양이 생활용품을 설치할 때 한 장소에 몰아서 모아 놓는 경우가 있는데 그것은 바람직하지 않습니다. 화장실과 물이나 먹이는 떨어뜨려 배치해야 합니다. 스크래처는 영역 표시를 하는 곳에 두어야지, 그렇지 않으면 스크래처가 아닌 다른 곳에서 긁기 행동을 할 가능성이 높습니다. 사냥할 때의 두근거림이 느껴지는 생활 공간, 그것을 목표로 합시다.

Mini Lecture | 5

| 1 | 화장실

건강 관리를 위해 고양이가 배설하는 모습이 보이는 곳에 설치하되, 고양이의 수보다 하나 더 많게 설치합니다. 방 입구처럼 사람이 자주 드나드는 곳이나 텔레비전 옆은 좋지 않습니다. 뚜껑이 없고 되도록 크고 넓은 화장실 용기를 준비합니다(고양이 키의 1.5배 이상). 시멘트를 섞을 때 쓰는 고무대야를 추천합니다.

| 2 | 물그릇

물이 쏟아질 염려가 없는, 바닥이 넓은 용기에 물을 받아 방안 여기저기에 놓아 둡니다. 그릇에 발을 담그고 물을 마시는 고양이도 있으므로 물그릇 주위가 젖지 않도록 주의하고, 부지런히 깨끗한 물로 갈아 주어야 합니다.

| 3 | 침대

놀고 난 뒤 잠깐의 휴식과 낮잠도 고양이의 일과입니다. 푹신푹신하고 부드러운 곳을 좋아하므로 고양이 전용 침대나 해먹, 포근한 담요 등을 방안 여기저기에 놓아 주어 고양이가 푹 쉬도록 합시다.

| 4 | 높은 곳

고양이를 실내에서 키울 때는 상하 좌우 운동이 가능한 공간이 필요합니다. 타워만으로 충분하지 못합니다. 고양이는 상하 좌우 운동을 해야 하는데, 길고양이는 지붕에 오르거나 담장을 타면서 옆으로 이동합니다. 가구류를 배치할 때도 아이디어를 내어 집안에서도 상하 좌우 운동이 가능한 공간을 만들어 봅시다.

| 5 | 안심하고 숨을 장소

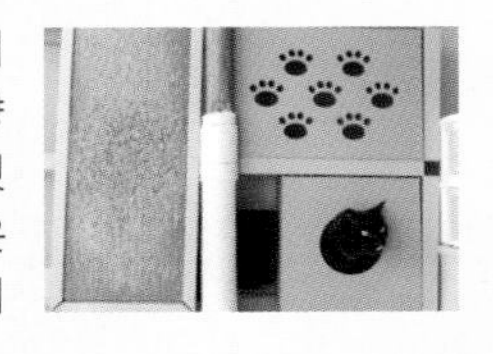

고양이는 무서워서 숨기도 하지만 사냥할 때도 숨어서 먹잇감을 노립니다. 높은 곳에 고양이가 편히 쉴 수 있는 자리나, 바깥이 보이는 숨을 수 있는 공간이 있으면 고양이도 안심하고 생활할 것입니다. 이동 가방을 꺼내 두면 고양이가 은신처로 쓰기도 하고, 적응하기도 쉬우니 적극 추천합니다.

| 6 | 스크래처

고양의 무기이기도 한 발톱을 손질하고 영역을 표시하는 데 쓰입니다. 세로 형(오른쪽 사진)과 가로 형(62쪽 위쪽 사진) 모두 필요합니다. 세로 형은 방문 가까이에 두고, 고양이가 꼿꼿이 서서 긁기에 적당한 높이로 조절합니다. 고양이가 마음에 들어 하는 스크래처를 찾아서 새로운 것으로 자주 바꿔 줍시다.

Part 4

고양이와 즐겁게 보내는 느긋한 시간

고양이와 생활하면서 좀 더 즐겁고 충실한 시간을 보내기 위해서는 고양이와 사람 사이의 신뢰 관계가 중요합니다. 이번에는 놀이를 통해 신뢰가 깊어지는 레시피를 모아 보았습니다. 고양이를 아무리 애지중지한다 해도, 혹시 그런 당신의 마음을 고양이에게 일방적으로 강요하지는 않았나요? 주인이 먼저 고양이의 마음을 알아 주고 애정을 기울여야 합니다. 그런 다음 주인의 애정을 고양이가 편하게 여기는 것이 중요합니다. 이번 편에서는 매일 반복하는 연습을 통해 서로의 신뢰가 깊어지는 레시피를 중점적으로 다루었으니 꼭 도전해 보시기 바랍니다.

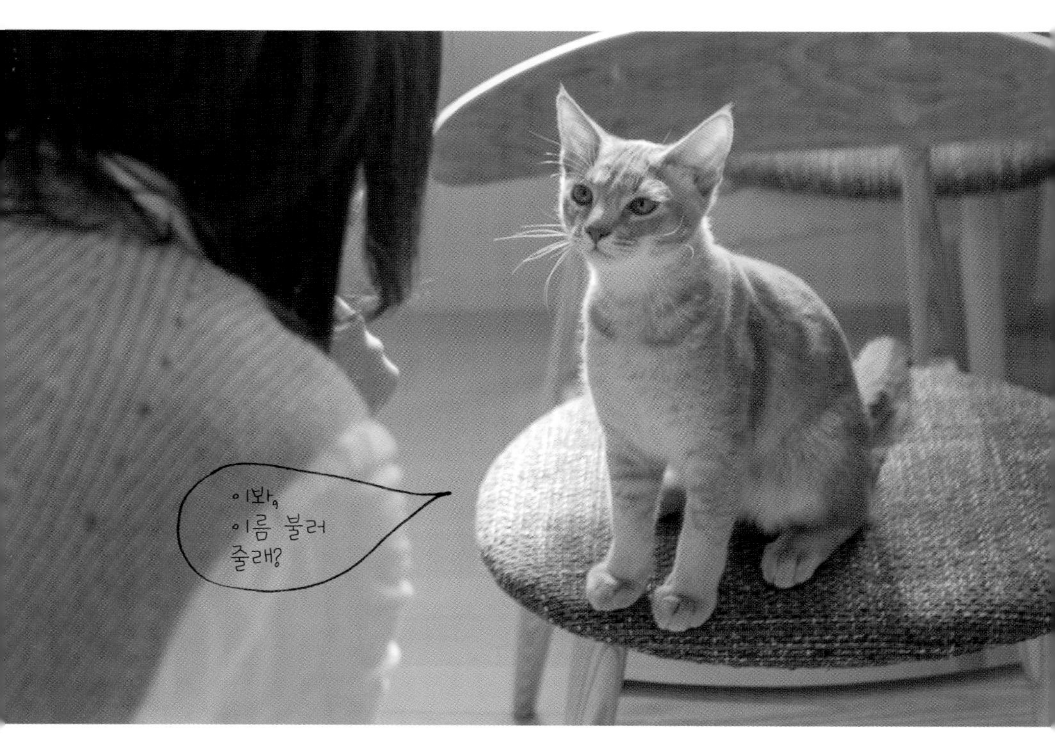

이름을 좋아해요

자기 이름을 불러 주면 고양이가 "오, 예!" 하고 기뻐할 멋진 놀이입니다.

당신이 사랑하는 고양이에게 지어 준 이름은 무엇인가요? 귀여운 이름, 열심히 고민한 이름, 애정이 듬뿍 담긴 이름 등등. 이름은 사랑하는 고양이에게 첫 선물이나 다름없습니다. 이런 이름을 고양이도 좋아해 준다면 얼마나 좋을까요? 고양이도 주인이 지어 준 자기 이름을 '제일 좋은 소리'로 인식할 능력이 있습니다. '고양이의 이름'과 '고양이가 좋아할 일'을 연결짓는 것이 관건입니다. 고양이에게 아무것도 바라지 말고, 언제나 함께 있어 주어 고맙다는 마음을 담아 이름을 불러 주면서 좋아하는 간식을 줍시다. 고양이가 병에 걸렸을 때나 불안해할 때 이름을 불러 주어 고양이를 안심시켜서 고양이가 자기 이름을 좋아하게 만듭시다.

【준비물】 간식
【놀이 빈도】 깊은 신뢰 관계를 맺기 위해서는 매일 연습하고 복습합시다.

이름에 익숙한 고양이는

Step 1

고양이에 다가가기 전에 간식을 3~5알 정도 손에 쥡니다. 그 다음 이름을 부릅니다. 이름을 부르기 전에 고양이에게 간식을 보이거나, 이름을 부르면서 간식을 쥐고 있는 손을 움직이면 안 됩니다. 신호가 복잡하면 고양이는 이해하지 못합니다. 반드시 ①이름을 부른다. ②간식을 준다. 이 순서를 지켜주세요.

Step 2

이름을 부르면서 혹은 부르고 나서 고양이에게 다가갑니다. 여러 번 부르지 말고, 이름이라고 이해하기 쉽게 한 번만 부릅니다. 이때 고양이와 눈이 마주치면 천천히 눈을 깜박이며 다가갑니다.

Step 3

손바닥에 간식 한 알을 올린 다음 고양이에게 내밉니다. 다 먹으면 이름을 부르고 또 한 알을 줍니다. 간식이 없어질 때까지 반복하고, 나면 조용히 자리를 뜹니다. "맛있니?"라거나 말을 걸면 안 됩니다.

이름에 익숙하지 않은 고양이는

Step 1

이름에 익숙한 고양이와 마찬가지로 간식을 손에 쥐어 준비한 다음 고양이 이름을 부릅니다. 이때 연달아 부르면 안 됩니다. 정확한 이름의 말소리를 기억시키기 위해서 분명하게 한 번만 부릅니다.

Step 2

고양이 얼굴만이 아니라 전체를 본다는 느낌으로 비스듬한 각도를 유지하면서 고양이에게 천천히 다가갑니다. 정면에서 물끄러미 쳐다보는 행동은 고양이를 긴장시키므로 주의하기 바랍니다.

Step 3

정면이 아닌 옆에서 비스듬히 바라보며 고양이 앞에다 간식을 놓습니다. 간식을 먹는 동안에도 쳐다보면 안 됩니다. 이름을 부르고 간식을 놓는 동작을 반복한 뒤 마지막 간식을 놓고 조용히 자리를 뜹니다.

귀여운 소리로 울어 보렴

고양이의 울음소리가 너무 커서 곤란하다면
귀여운 소리로 우는 연습을 시켜 봅시다.

고양이의 울음소리는 귀엽습니다. 하지만 본래 고양이는 새끼일 때와 번식할 때 말고는 소리를 내어 의사소통을 하는 동물이 아닙니다. 고양이 소리가 귀여울 때도 있지만 조금 시끄럽게 들릴 때도 있습니다. 그럼 왜 울까요? 그것은 주인에게 호소하고 싶은 일이 있어서입니다. 우선 추측 가능한 것은 '나랑 놀아 주라', '나 좀 상대해 주라'는 요구입니다. 사랑하는 고양이가 자주 운다면 이 책에 소개한 놀이 레시피에 도전해서 더 많이 놀아 주고 즐겁게 해주는 방법을 생각해 봅시다. 고양이가 주인과 교류하기를 바랄 때 그에 대한 응답은 굉장히 중요합니다. 고양이가 귀엽게 울면 반응을 해주어서 사랑하는 고양이의 귀여운 울음소리를 즐기면 됩니다.

【준비물】 간식
【놀이 빈도】 깊은 신뢰 관계를 맺기 위해서는 매일 연습하고 복습합시다.

Step **1**

고양이가 울었을 때만 할 수 있는 것으로, 클리커를 사용하지 않는 레시피입니다. 고양이가 귀엽고 다정한 소리로 울면 그때 시도해 보세요. 포상은 미리 플라스틱 밀폐 용기에 담아 준비해 두기 바랍니다.

Step **2**

고양이가 귀여운 소리로 울면 손에 포상을 숨겨 두고 "왜 그래?"라고 짧게 대답한 다음 천천히 다가갑니다. 이때 고양이와 시선이 마주쳐서 물끄러미 쳐다보면 고양이가 긴장하니 주의하기 바랍니다.

Step **3**

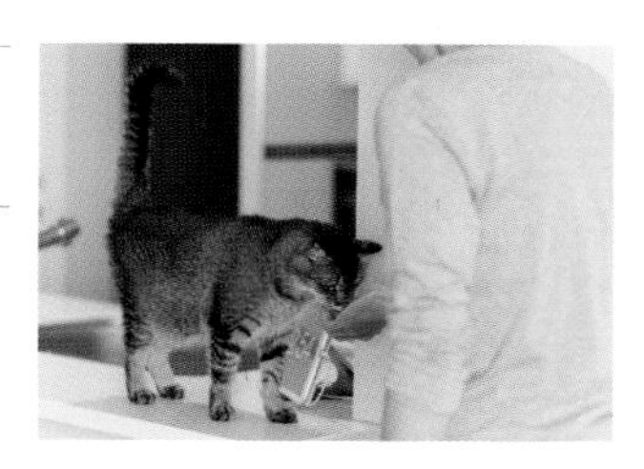

손에 숨겼던 포상을 줍니다. 맨 처음 응답했을 때는 하나(여기서는 "왜 그래?"라고 했을 경우)로 통일합니다. 고양이가 울면 한 번 대답하고 포상하는 것까지 반복해 봅시다.

Step **4**

고양이가 귀여운 소리로 주인을 부르면 "왜 그래?"라는 대답 외에 "어?", "무슨 일이니?"처럼 고양이와 대화를 즐길 수 있게 다양한 말을 구사해서 대답해 봅시다.

Point

고양이가 주인을 부르는 일이 잦아지면 그때마다 상대하기도 어렵습니다. 대답한 뒤 쳐다보기만 하고 포상을 주지 않는 때가 있겠지만 그래도 괜찮습니다. 그래도 몇 번에 한 번은 포상을 주어야 합니다. 포상을 생략할 때는 "나중에 줄게."라는 말도 곁들이면 좋습니다. "나중에 줄게."라고 한 경우에는 고양이가 부르는 소리에 잠시 반응을 하지 말아야 합니다. 볼일이 끝나면 다시 울음소리에 대답하고 포상을 줍니다.

이리 와!

**"이리 와!"라고 부르면 옆에 와 주는
주인의 바람을 이룰 수 있는 놀이입니다.**

"이리 와!"라고 불렀을 때 고양이가 다가오면 얼마나 기쁜지 모릅니다. 이번에는 고양이가 가까이 오면 포상하는 놀이입니다. 평소 고양이의 기대에 부응하는 주인이라면, 고양이도 "부르니 가야겠군."이라고 생각할 게 틀림없습니다. '이리 와!' 훈련은 결과부터 연습합니다. '고양이가 가까이 다가오는 것'이 목표가 아니라 '당신과 가까이 있는 것'이 목표입니다. 처음에는 고양이가 움직일 필요가 없습니다. 당신 바로 옆에 있는 고양이에게 "이리 와!"라고 말하고 포상을 줍니다. 주인 옆에 있으면 맛있는 간식이 나온다는 경험을 하면 당신이 조금 떨어져 있어도 고양이는 반드시 따라옵니다. 앉아 있는 자리에서 "이리 와!"라고 말한 다음 바로 포상을 줍니다.

【준비물】 간식
【놀이 빈도】 성공할 때까지 매일 연습합니다. 익숙해져도 신뢰 관계를 강화하기 위해서 매일 복습합시다.

Step **1**

고양이 옆에 앉아서 상냥하고 분명하게 "이리 와!"라고 한 번만 말합니다. 고양이가 움직이지 않더라도 바로 포상을 줍니다.

Step **2**

Step 1을 매일 반복합니다. '딸각 소리=간식'이라고 기억시키는 클리커 게임처럼 '이리 와=간식'이라고 기억하게 합니다.

Step **3**

주인이 앉아 있을 때는 물론이고 서 있는 상태에서도 연습합시다. "이리 와!"라고 한 번만 말하고 바로 포상을 줍니다.

Step **4**

고양이가 간식을 먹는 동안 한 걸음 떨어져서 다 먹을 때까지 기다렸다가 다시 "이리 와!"라고 말합니다. 고양이가 가까이 왔을 때 포상을 줍니다.

Step **5**

소파에 앉거나 다른 여러 자세로 연습합시다. 고양이가 다가오면 포상은 반드시 자기 옆에 있을 때 주어야 합니다.

Step **6**

이 연습은 실수하지 않는 것이 포인트입니다. 고양이가 주인에게 주의를 기울이고 있을 때 "이리 와!"라고 말하는 연습을 합시다.

Step **7**

소파에 앉거나 다른 여러 자세로 연습합시다. 포상은 반드시 옆에 있을 때 주어야 합니다.

Point

고양이는 포상을 받으면 같은 행동을 반복합니다. 그러니 고양이가 자기 쪽으로 걸어오기 시작한 직후 포상을 합니다. 계속 성공하게 하면서 조금씩 거리를 벌려 부르는 것이 요령입니다.

안기면 행복해

구속을 싫어하는 고양이를 품에 안고 애정을 쏟고 싶을 때, 둘 사이의 거리를 좁히기 위한 놀이 레시피입니다.

"고양이를 품에 안을 때보다 더 행복할 때가 있을까?" 라고 할 만큼 고양이 애호가에게는 고양이를 품에 안는 걸 좋아합니다. 그러나 대부분의 고양이는 안타깝게도 구속당하기를 싫어합니다. 그럼에도 고양이를 안고 싶어 하는 사람은 한둘이 아닙니다. 게다가 여러 가지 이유로 반드시 안아 주어야 할 때가 있습니다. 특히 고양이의 건강을 지키기 위해 주인 품에 안기도록 만들어야 합니다. 고양이를 안고 싶은 마음과 구속당하기 싫어하는 고양이, 둘 사이의 거리를 좁히기 위해 가능한 한 고양이 몸에 부담을 주지 않고 안는 방법을 익히는 것이 중요합니다. 즐겁게 놀면서 연습하여 고양이가 주인에게 안기고 싶어 할 만큼 끈끈한 신뢰 관계를 만들어 봅시다.

【준비물】 혀 클릭(20쪽 참고)으로 신호 주기, 간식
【놀이 빈도】 성공할 때까지 매일 연습합니다. 익숙해지더라도 신뢰 관계를 강화하기 위해 매일 복습합시다.

Step
1

52쪽 '무릎으로 껑충'을 하게 해서 팔의 움직임에 적응시키는 연습입니다. 한쪽 팔꿈치에서 손목까지 가뿐히 이동하면 혀 클릭을 하고 포상을 줍니다. 한쪽 팔에 익숙해지면 다른 쪽 팔로도 연습합니다. 고양이가 흥미를 잃으면 Step 2로 넘어갑니다.

Step
2

고양이가 한쪽 팔뚝이 닿는 것에 적응시키는 연습입니다. 털끝이 순간적으로 팔에 닿으면 혀 클릭을 하고 포상을 줍니다. 같은 세기의 힘으로 팔뚝을 댔다 떼기를 5회 반복합니다. 성공하면 반대쪽 팔로도 연습합시다.

Step
3

한쪽 팔로 손끝까지 닿는 것에 고양이가 익숙하게 만듭니다. 털끝이 순간적으로 닿으면 혀 클릭을 하고 포상을 줍니다. 한쪽 팔마다 5회씩 반복합니다. 점점 세게 팔뚝에 힘을 주어 대보면서 고양이가 적응하게 합니다. 반대쪽 팔도 똑같이 연습합시다.

Step
4

다음은 양팔 연습입니다. 한쪽 팔을 고양이 몸에 닿게 한 다음 반대쪽 팔로도 1초쯤 건드린 후 혀 클릭을 하고 포상합니다. 5회 반복한 후 1초씩 늘려가면서 다섯 번 반복 연습해 10초간 유지합니다. 다른 손은 고양이의 엉덩이를 감싸듯이 안아 줍니다.

Step
5

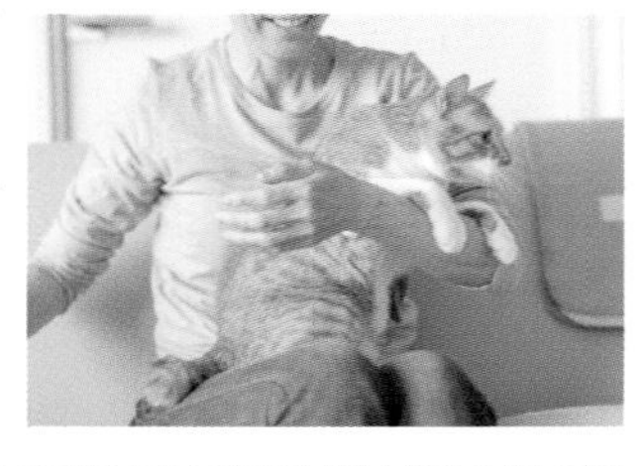

36쪽 '팔 터치'를 무릎 위에서 해봅시다. 무릎 위에서 하는 팔 터치는 원래 하던 팔 터치와 다르기 때문에 연습을 해야 합니다. 고양이가 팔에 앞발을 올리기 쉽도록 팔을 내려주거나 올려줍니다.

Step
6

팔 터치를 할 때 팔을 들어 자세를 잡고 고양이의 꼬리 부분을 받치면서 안아 줍니다. 순간적으로 뒷발까지 들려 올라가면 혀 클릭을 하고 포상을 주는 동작을 반복하고, 안는 시간을 조금씩 늘려 갑시다.

온몸을 쓰담쓰담

고양이와 스킨십도 나누고 건강 체크도 하는 고마운 레시피입니다.

고양이의 온몸을 만지는 것은 스킨십 효과도 있지만 건강 체크를 위해서도 중요합니다. 고양이가 싫어해서 만지지 않는다거나 만지지 못하는 분들은 이번 기회에 꼭 도전해 보세요. 고양이가 얌전히 안기도록 다루는 법을 마스터합시다. 고양이를 무턱대로 쓰다듬는 것이 아닙니다. 먼저 자기 팔로 연습해 봅니다. 갑자기 확 건드리는 경우와 조심스럽게 손을 대는 경우는 느낌상 어떻게 다를까, 자기 팔을 사용해서 이렇게 하면 고양이가 어떻게 느낄까,라고 상상해 본 것부터 꼭 실천하기 바랍니다. 이 정도면 틀림없이 괜찮겠다 싶어도 상대는 고양이입니다. 아무렇지 않아 보여도 의외로 섬세한 고양이도 많으니 터치는 부드럽게!

【준비물】 없음
【놀이 빈도】 성공할 때까지 매일 연습합니다. 익숙해지더라도 건강 체크를 위해 매일 복습합시다!

Step
1

고양이가 마음 편히 쉬고 있을 때 말을 걸면서 쓰다듬습니다. 먼저 손등으로 귓등부터 견갑골까지 부드럽게 쓰다듬어 줍니다. 이때 비행기가 착륙하듯 부드럽게 훑어 내립니다.

Step
2

등과 양쪽 옆구리도 똑같이 부드럽게 쓰다듬어 봅시다. 차츰 손등에서 손바닥으로 바꾸어 가며 쓰다듬습니다. 다른 쪽 손도 고양이의 몸을 지지하듯 가볍게 댑니다.

Step
3

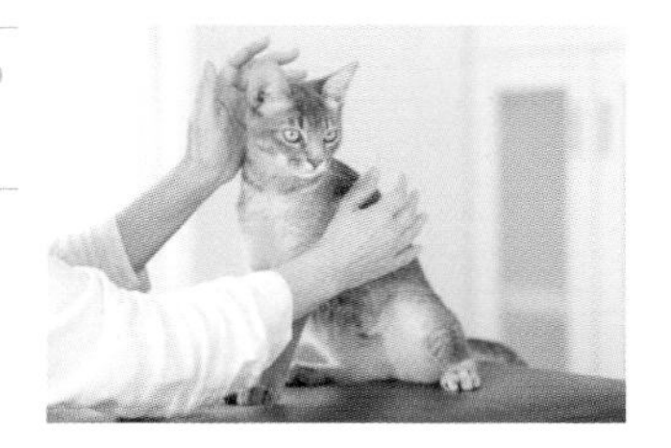

두 손으로 쓰다듬습니다. 한 손으로는 만졌을 때 고양이가 좋아하는 곳을 찾아 쓰다듬고 다른 한 손으로는 겨드랑이에서 발끝을 향해 쓰다듬습니다. 배도 만져 줍시다. 고양이를 만질 때는 손바닥으로 쓰다듬으며 얼굴을 꼼꼼히 살핍시다.

Step
4

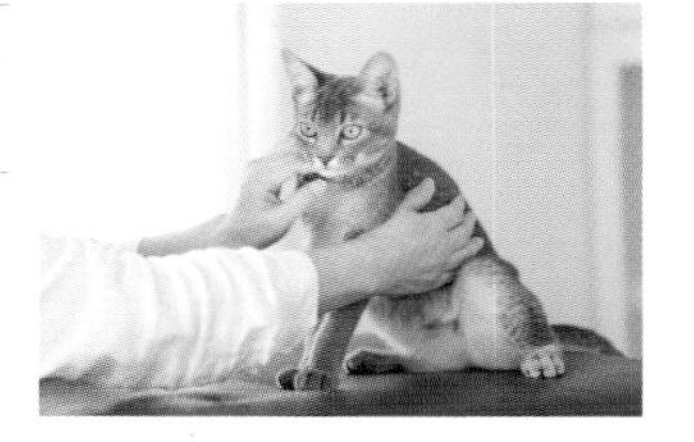

잊지 마세요. 만졌을 때 고양이가 좋아하는 곳을 한쪽 손으로 쓰다듬어야 한다는 점을 명심하면서 연습합니다. 고양이의 몸에서 손을 뗄 때는 비행기가 이륙하듯 가볍게 뗍니다. 양손 모두 그렇게 연습합시다.

Step
5

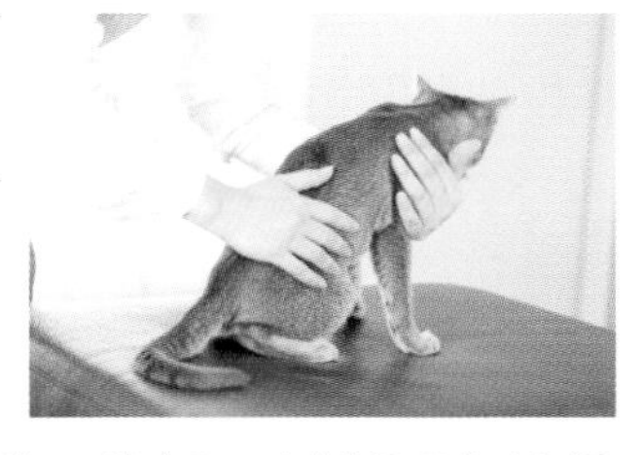

같은 방식으로 한 손은 고양이가 좋아하는 부위를 어루만지고, 다른 한 손은 허리부터 뒷발 끝까지 쓰다듬습니다. 찬 손으로 만지면 고양이가 불쾌하게 느껴 싫어할지도 모르니 주의하기 바랍니다.

Step
6

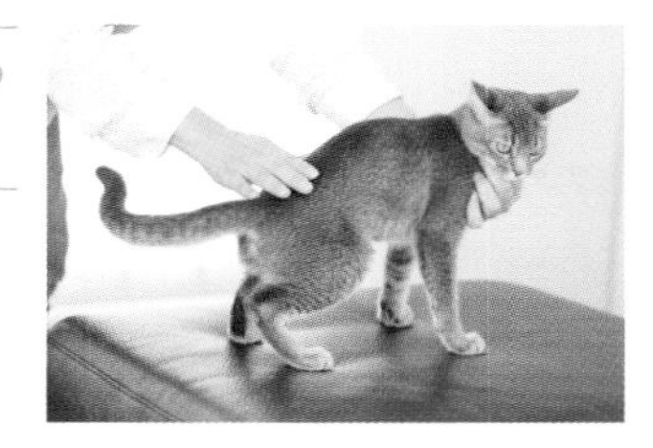

두 손으로 동시에 쓰다듬지 못해도 괜찮습니다. 조금씩 시도해 봅시다. 마지막으로 고양이가 좋아하는 곳을 실컷 어루만져 줍니다. 허리든, 목덜미든 고양이가 기분 좋아 하는 곳을 충분히 만져 줍니다.

브러싱 brushing

고양이가 만족할 만큼 실력을 연마합시다.
건강을 위해서도 매일 손질합시다.

고양이의 건강한 삶을 위해서도 브러싱brushing은 중요합니다. 그러나 브러싱 하는 시간이 고양이에게 귀찮고 지루한 시간이라면 고양이가 너무 불쌍하겠죠? 74~75쪽 '온몸을 쓰담쓰담'의 연장으로 브러싱을 해서 고양이가 익숙해지도록 합시다. 이번 놀이 레시피에서는 일자 빗을 사용하였으나 고양이에 따라서는 다른 형태와 감촉을 좋아하는 경우도 있으니 고양이가 마음에 들어 하는 빗을 찾아주는 것도 중요합니다. 브러싱 할 때 반드시 지킬 점이 있습니다. 아프지 않게 해야 합니다. 엉클어진 털을 억지로 빗으면 당연히 아프겠지요. 한 손으로 고양이를 붙잡고 아파서 불쾌하지 않도록 조심해서 부드럽게 빗어 주세요.

【준비물】 빗(고양이가 좋아하는 브러시), 클리커, 액상 타입의 간식
【놀이 빈도】 성공할 때까지 매일 연습합니다. 익숙해지더라도 신뢰 관계 강화를 위해 매일 복습합니다.

Step
1

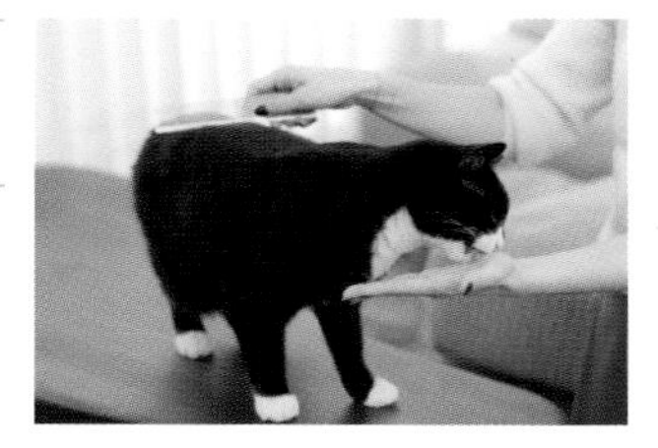

한쪽 손바닥에 액상 타입의 간식을 바릅니다. 간식을 핥게 하면서 빗등으로 고양이 몸을 쓰다듬습니다. 우선은 고양이와 함께 '빗=간식'이라는 규칙을 세우는 것이 중요합니다.

Step
2

빗을 보여 주었을 때 고양이 스스로 다가올 만큼 빗을 좋아할 정도가 되면 빗을 털에 대봅니다. 이때는 아직 빗지는 말고, 빗을 조금 비스듬히 눕혀 쓸어 줍니다.

Step
3

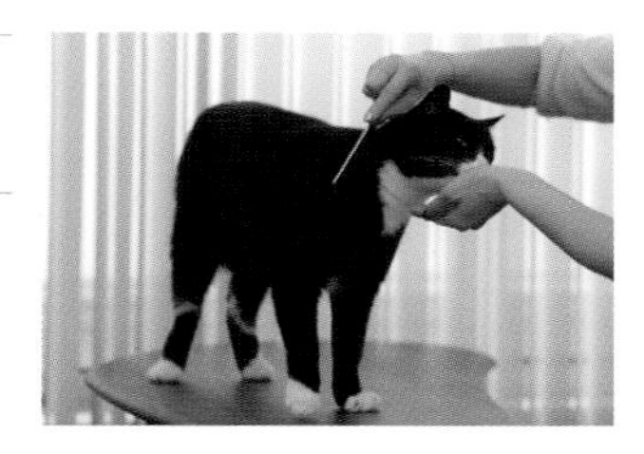

빗을 대고 쓰다듬기 시작할 때 손바닥에 간식을 발라 핥게 합니다. 고양이가 핥는 동안 슬쩍 빗질을 합니다. 털을 당기거나 세게 빗어서 아파하지 않도록 충분히 주의를 기울여야 합니다.

Step
4

손바닥을 핥게 하면서 빗질하는 동작에 익숙해지면 클리커를 사용합시다. 빗질을 한 번 했으면 클리커를 누르고 포상을 줍니다. 차츰 그 횟수를 늘려 갑니다.

Step
5

'빗=간식'이라는 규칙에서 '브러싱=간식'이라는 규칙으로 바꿔 갑니다. 포상으로 받은 간식을 먹는 동안에는 건드리지 않습니다. 고양이가 포상을 다 먹고 자리를 이동해 버리면 브러싱도 끝냅니다.

Step
6

고양이가 빗질에 익숙해져 빗질이 편해지더라도 한 손은 고양이 몸에 대고 있어야 합니다. 빗이 털에 걸려 아프다고 느낄 수 있기 때문입니다. 빗질을 조금 하고 나면 "착하네."라고 말하고 포상을 줍니다.

Mini Lecture | 6

글 : 아오키 아유미

신뢰 관계를 맺는 법

늑대 소년은 어떻게 될까?

고양이에게 '이리와!'를 가르치면 주인은 한 발짝도 움직일 필요 없이 고양이가 아장아장 다가와 무척 편합니다. 연습 때는 고양이가 다가오는 족족 포상을 주지만 익숙해지면 "포상을 주지 않아도 잘 하겠지."라고 생각하기 쉽습니다. 사실 한두 번 깜빡하고 포상을 준비해 두지 않더라도 고양이가 하던 행동을 계속합니다. 포상은 가끔씩 줘도 습득한 행동을 유지하는 데는 문제없습니다. 하지만 포상을 아예 주지 않으면 고양이가 주인에게 다가오는 행동은 크게 줄어듭니다. 고양이는 자유로운 영혼이라 별 도리가 없다는 고양이에 대한 속설로 넘겨 버리는 경우가 많습니다. 사실 그것은 고양이가 어떤 행동을 해도 아무 일도 일어나지 않는다고 학습한 결과입니다. "이리 와!"라고 불러서 서둘러 갔는데 아무 일도 아니었다거나, 주인이 그냥 불렀다거나 하는 경험을 몇 번 반복해서 겪는다면 우리도 똑같이 행동할 겁니다.

속이면 어떻게 될까?

'이리 와!'라든가 안아 주기가 가능해지면 주인이 고양이를 쫓아다니거나, 숨어 버린 고양이가 나올 때까지 기다리지 않아도 됩니다. 게다가 고양이가 자발적으로 움직이니 레시피를 하지 않을 이유가 없습니다. "이리 와!"라고 지시하면 옆으로 다가와서 붙잡기도 쉽습니다. 품에 안아 주면 이동 가방에 넣기도 편하고, 체중계에 올리기도 쉽습니다. 하지만 얼마 가지 않아 '이리 와!'도, 안아 주기도 신통치 않게 됩니다. 고양이는 워낙 자유로우니까……. 그러면서 이번에도 고양이에 대한 편견으로 체념하기 쉽습니다. 하지만 이것 역시 행동 법칙에 해당합니다. 놀이 레시피대로 연습해도 익숙해지지 않는다거나, 동물병원에 다닐 때만 사용해서 불안과 공포를 불러일으키는 이동 가방과 낯선 체중계처럼 생소하고 거북한 물건 때문에 시들해진 겁니다. 고양이 입장에서 자기가 싫어하는 일만 생기면 당연히 가르쳐 준 행동을 하고 싶지 않겠지요. 그렇다면 포상이 나오는 때와 싫은 일이 일어날 때가 섞여 있는 경우에는 어떨까요? 고양이는 상황을 가려서 포상이 나올 때만 행동합니다. 고양이는 변덕스러워서……. 이것도 고양이에 대한 속설이겠죠? 이런 편견을 버리고 행동 법칙으로 이해한다면 고양이도 훌륭하게 학습한다는 사실을 깨달으실 겁니다.

성실하게 반응하면 어떻게 될까?

고양이에 대한 속설 중에 "고양이는 교육을 할 수 없다."라는 말이 있습니다. 그러나 고양이는 위에서 살펴보았듯 실속이 없는 일은 하지 않고, 싫어하는 일은 애초에 주인이 시키지도 못하게 합니다.

반갑게 다가온다

고양이를 위한 일이었더라도 고양이를 속이거나 강요한다면 고양이는 주인을 믿지 않습니다. 고양이의 신뢰를 얻는 유일한 방법은 고양이가 싫어하는 일을 시키지 않는 것입니다. 하고 싶지 않아 하는 행동은 즐겁게 가르쳐야 합니다. "이리 와!"라고 부르면 다가오는 이유는 그 행동 직후에 좋은 일이 생기기 때문입니다.

"왔구나!", "고마워!", "잘했어!" 이런 마음을 잊지 않도록 합시다. 고양이에게 마음을 전할 방법이 마땅치 않기 때문에 한 알의 포상으로 대신한다는 점을 이해해 두시기 바랍니다.

끈기가 없어도 괜찮아

흔히 교육과 트레이닝은 '끈기'가 관건이라고 합니다. '끈기'라는 두 글자는 재미없는 일을 무한 반복해야 한다는 인상을 줍니다.

고양이가 보여 주는 착실한 학습의 궤적은 일상에서 우리가 얻는 기쁨과 즐거움의 '포상'입니다. 먹이를 이용해서 칭찬하는 교육이나 트레이닝은 고양이만 칭찬을 받고 끝나는 일이 아닙니다. 사실 사람도 즐거우니까 계속할 마음이 생기겠지요. 시도조차 하지 않아서 고양이를 가르치는 즐거움을 모른다면, 그야말로 안타까운 일입니다.

Part 5

고양이도 백세 시대!
건강 관리도 놀면서 즐겁게

놀이를 통해 고양이와 주인 사이에 규칙이 서고, 신뢰가 깊어지면 지금까지 연습한 레시피를 응용해서 건강 관리법으로도 유익하게 활용해 봅시다. 발톱 깎기나 약 먹이기 등 고양이가 싫어하는 일을 무작정 시도하거나 강제로 시키면 모처럼 쌓인 신뢰 관계까지 허사로 돌아갑니다. 고양이가 기피하는 그런 일도 놀면서 즐겁게 경험하다 보면 비상시 고양이의 스트레스를 줄여 주는 효과가 있습니다. 고양이의 신뢰를 잃지 않기 위해서도 놀이 레시피를 열심히 연습합시다.

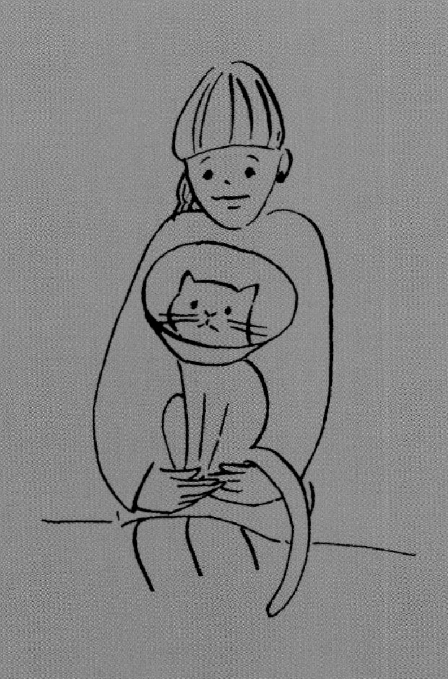

몸무게 측정

몸무게 측정도 단번에 끝내기.
고양이와 즐겁게 연습해서 건강 관리에 활용합시다.

고양이의 건강 관리에서 몸무게 측정은 매우 중요합니다. 고양이가 스스로 체중계에 올라가 주면 다루기가 편해서 정확한 측정도 가능합니다. 되도록 정확한 몸무게를 재기 위해서는 유아용 체중계가 좋습니다. 눈으로도 보고, 안았을 때 느낌까지 고려하여 몸무게를 숫자화해서 관리하는 일도 중요합니다. 고양이는 환절기에 털이 나는 방식도 달라집니다. 시각만으로 몸무게의 증감을 파악하기가 어렵습니다. 몸의 변화를 알아차린다 해도 대처할 시기를 놓칠 위험이 있습니다. 이 책의 놀이 레시피를 수행하면서 포상을 너무 받아 고양이가 살찐다거나 살이 빠지는 경우를 방지하기 위해서라도 수시로 몸무게를 측정하고 관리해야 합니다.

【준비물】 체중계(가능하면 유아용 체중계), 클리커, 간식
【놀이 빈도】 성공할 때까지 매일 연습합니다. 익숙해지더라도 건강 관리를 위해 매일 측정합니다.

Step
1

먼저 체중계에 다가가는 연습입니다. 집게손가락으로 지시해서 체중계에 한 걸음 다가가면 클리커를 누르고 포상을 줍니다. 이때 고양이가 체중계를 낯설어 하면서 다가가지 않을 경우 조급하게 강요하면 안 됩니다.

Step
2

고양이가 체중계를 익숙하게 여기면 체중계에 올라가는 연습을 합시다. 고양이보다 높은 위치에서 손가락을 내밀어 체중계를 가리킵니다. 고양이가 체중계에 발을 올리면 재빨리 클리커를 누르고 포상을 줍시다.

Step
3

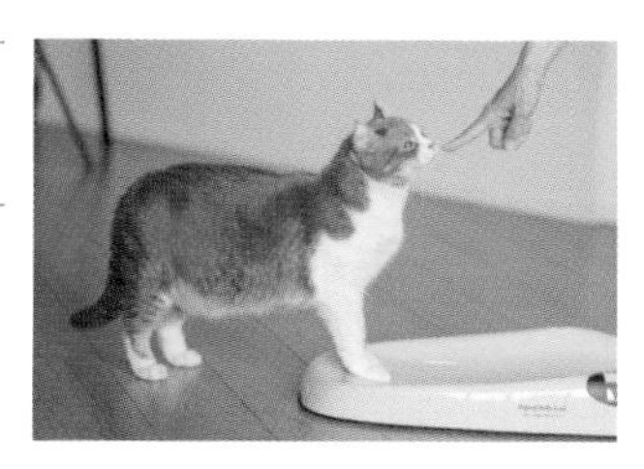

한쪽 발로 시작해서 양쪽 앞발, 한쪽 뒷발 순서로 천천히 올라가도록 합니다. 이때 매번 클리커를 누르고 포상을 줍니다. 포상은 체중계 위에 놓아 둡니다.

Step
4

네 발 모두 체중계 위에 올리면 간식을 3~4알 정도 줍니다. 간식을 먹는 동안에는 자꾸 움직이기 때문에 정확한 몸무게 측정은 불가능합니다. 체중계 위에 올라가 있는 시간을 조금씩 늘려 갑니다.

Step
5

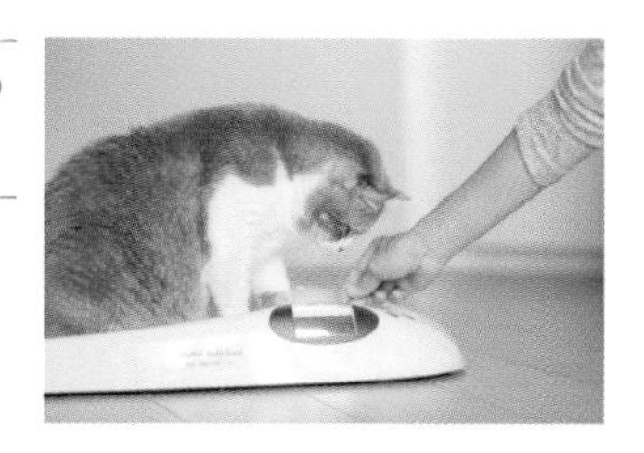

고양이가 올라가기 전 체중계의 측정 버튼을 누릅니다. 고양이가 체중계에 올라가면 포상을 주고, 다 먹으면 또 줍니다. 차츰 포상 속도를 늦춰 고양이가 체중계에 올라가 있는 시간을 연장시킵니다.

Step
6

체중계에 올라가서 포상은 먹지 않더라도 긴장을 풀고 한동안 얌전히 있으면 정확한 몸무게 측정이 가능합니다. 몸무게를 재고 나면 포상을 줍니다. 건강을 위해서도 몸무게 측정은 매일 합시다.

발톱 깎기

자고 있을 때 해치운다? No!
고양이와 합심해서 발톱 깎기에 도전해 봅시다!

고양이와 생활할 때 가장 대표적인 고양이 손질이 발톱 깎기입니다. 번번이 애를 먹는 경우가 많을 겁니다. 주인은 그다지 힘들지 않더라도 고양이 쪽에서는 싫어할지 모릅니다. 간혹 자고 있을 때 잘라 준다는 이야기를 듣기도 합니다. 고양이에게 집은 마음을 놓을 수 있는 안전한 공간입니다. 그러므로 주인이 지향해야 할 실내 사육법은 고양이가 진심으로 안심할 수 있는 집을 제공하는 것입니다. 단잠을 자고 있을 때 자기가 가장 싫어하는 짓을 하는 사람이 같은 집에 산다면 고양이는 집에서 한시도 마음을 놓지 못할 겁니다. 양쪽 다 불쾌하지 않게 발톱 깎기에 성공하는 놀이 레시피로 고양이와 연습해 보기 바랍니다.

【준비물】 고양이용 손톱깎이, 혀 클릭(20쪽 참조), 간식
【놀이 빈도】 성공할 때까지 매일 연습합니다. 익숙해지면 하루에 한 발가락씩 깎습니다.

Step 1

무릎 위에서 '손!'을 하게 합니다. 발톱을 깎을 때는 클리커를 손에 들지 못하므로 혀를 차서 딱 소리를 내는 혀 클릭을 하고 포상을 줍니다. '손!' 하고 있는 앞발을 가볍게 쥐고 혀 클릭을 한 다음 포상을 줍니다. 이 과정을 5회 반복합니다.

Step 2

'손!' 하면서 고양이의 앞발을 잡고 있는 손 말고 다른 손으로 손톱깎이를 들어 고양이에게 보여 주면서 혀 클릭을 합니다. 그런 다음 손톱깎이와 고양이 앞발을 내려놓고 손바닥으로 간식을 줍니다. 이것을 Step1과 마찬가지로 5회 반복합니다.

Step 3

Step 2와 같은 자세로 손톱깎이를 고양이 앞발에 살짝 댄 다음 혀 클릭을 하고 포상을 줍니다. 고양이가 별다른 반응을 하지 않을 때까지 반복해서 연습합니다. 이때 1세트는 5~6회 정도만 합니다.

Step 4

Step 2와 같은 자세로 발가락에서 발톱을 바짝 노출시켜 손톱깎이를 Step 3과 같이 살짝 댄 다음 혀 클릭을 하고 포상을 줍니다. 고양이가 신경 쓰지 않을 때까지 연습합니다. 1세트는 5~6회 정도만 합니다.

Step 5

Step 4에서처럼 발톱을 최대한 노출시킵니다. 발톱을 손톱깎이로 잡은 순간 혀 클릭을 하고 포상을 줍니다. 발가락을 바꿔 가면서 여러 번 연습합니다. 이때도 1세트는 5~6회로 끝냅니다.

Step 6

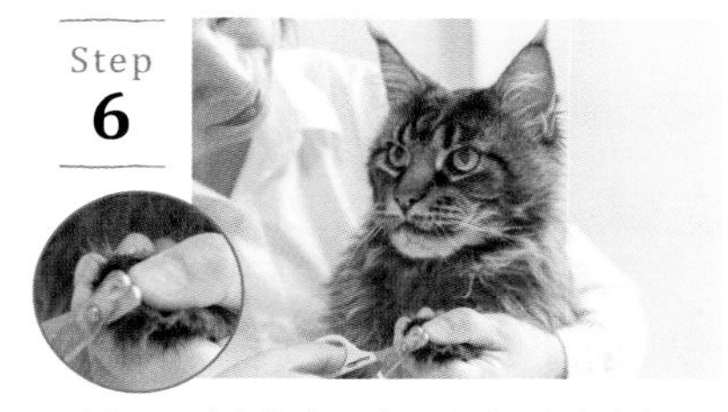

처음으로 하나만 깎고, 깎는 데 성공하면 맛있는 포상을 줍시다. 발톱 깎기는 하루에 하나만 깎고, 깎을 때마다 최대한 빨리 마친 다음 특별한 간식을 포상하면 고양이도 큰 부담을 느끼지 않을 것입니다.

약 먹이기 연습

즐거운 연습을 통해 위급할 때 고양이의 스트레스를 줄이고 약을 먹일 수 있는 요령을 익혀 둡시다.

고양이가 지금은 건강하지만 언젠가 나이 들고 병들어서 약을 먹여야 하는 날이 분명히 옵니다. 먼 미래의 일일지, 아니면 의외로 빨리 닥칠지는 아무도 모릅니다. 그날을 위해 평소 잘 대비해 두면 위급할 때 사랑하는 고양이의 스트레스를 줄여서 병마도 충분히 극복해 낼 것입니다. 건강한 지금 할 일이 무엇인지, 만일의 경우에 후회하지 않도록 고민해 보시기 바랍니다. 정말로 약을 먹여야 하는 일이 생겼을 때 자신 있게 먹일 수 있도록 먼저 알약 대신 건조 사료로 연습합니다. 그리고 주사기로 물 먹이는 연습도 미리 해 둡시다. 안약은 뚜껑을 닫은 상태로 연습하면 됩니다. 어느 것이든 고양이에게 강요하지 않는 범위에서 연습하기 바랍니다.

【준비물】 각 항목에 기재되어 있습니다.
【놀이 빈도】 성공할 때까지 매일 연습합니다. 익숙해지면 가끔 복습합니다.

알약 먹이기

【준비물】 간식(건조 형태로 고양이가 가장 좋아하는 것
* 혀 클릭(20쪽 참조)으로 신호를 줍니다.

Step 1

자주 쓰지 않는 쪽 손으로 고양이의 머리를 가볍게 잡고 쓰다듬습니다. 차츰 고양이가 기분 좋아하는 부위로 옮겨 가면서 쓰다듬어 줍니다. 머리를 쓰다듬는 연습은 41쪽을 참고하기 바랍니다.

Step 2

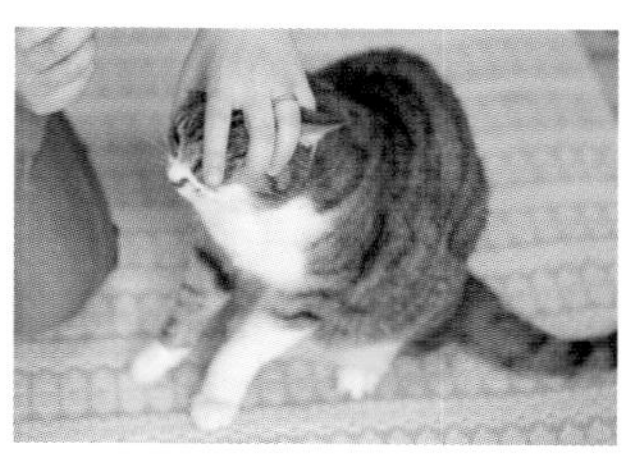

Step1을 성공하면 이어서 머리에 손바닥을 밀착시켜 쓰다듬습니다. 한 번 쓰다듬으면 바로 혀 클릭을 하고 손을 뗀 다음 포상을 줍니다. 이 동작을 여러 번 반복해서 연습합시다.

Step 3

손바닥으로 훑어 줄 때 엄지손가락과 가운뎃손가락으로 고양이의 양쪽 입 끝을 가볍게 잡듯이 쓰다듬습니다. 그러면서 얼굴을 조금 위로 듭니다. 한 번 고개를 들면 혀 클릭을 하고 포상합니다. 똑바로 위를 쳐다볼 때까지 반복해서 연습합니다.

Step 4

손바닥으로 머리를 감싸면서 고개를 들게 하고 엄지손가락과 가운뎃손가락으로 고양이의 양쪽 입 끝을 가볍게 누릅니다. 그러면 입이 조금 벌어집니다. 양쪽 입 끝을 누른 순간 혀 클릭을 하고 손을 뗀 다음 포상을 줍시다.

Step 5

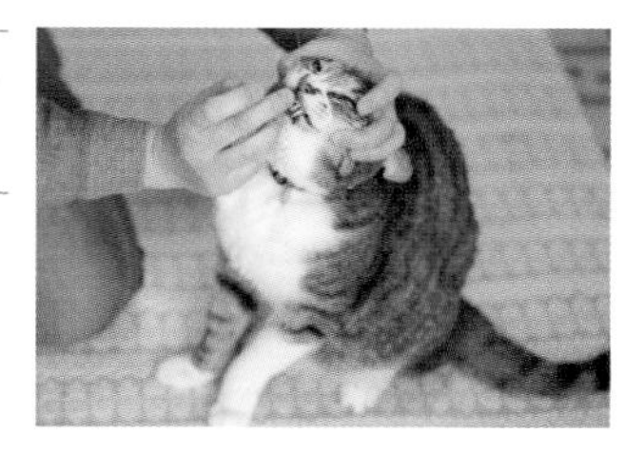

주로 쓰는 손으로 작게 자른 간식을 집습니다. 손바닥으로 머리를 감싸고 위로 듭니다. 간식을 쥐고 있는 다른 한쪽 손의 가운뎃손가락을 고양이의 아랫입술에 살짝 댑니다. 그 순간 혀 클릭을 하고 손을 뗀 다음 포상을 줍니다.

Step 6

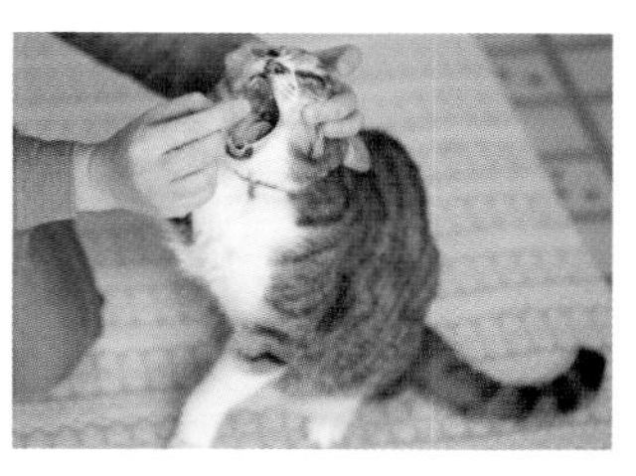

Step 4와 5를 이어서 해봅시다. 머리를 감싼 손으로 양쪽 입 끝을 누르는데 이때 가운뎃손가락으로 아랫입술을 내립니다. 입이 크게 열린 순간 간식을 입 안쪽에 떨어뜨립니다. 손을 떼면 바로 가장 맛있는 포상을 줍니다.

※ 실제로 알약을 먹이는 요령은 89쪽에서 설명하였습니다.

주사기 적응시키기

【준비물】 주사기, 액상 형태로 된 간식을 물로 희석시킨 수프.

Step 1

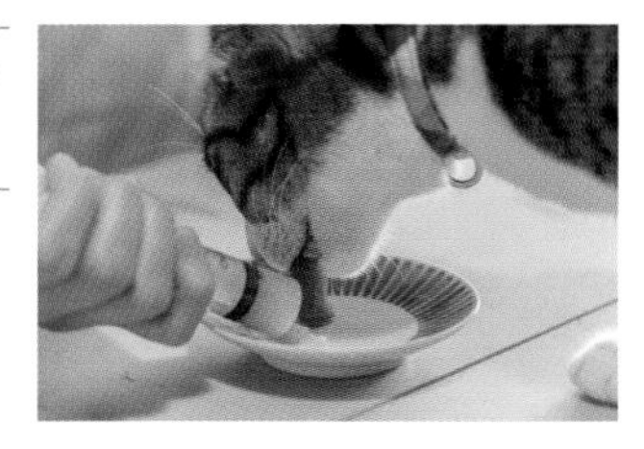

사랑하는 고양이가 좋아하는 맛있는 수프를 만듭니다. 주사기에 담아 고양이가 보는 앞에서 그릇에 짜 줍니다. 일부러 천천히 짭니다. 고양이가 기다리다 못해 주사기 끝을 핥는 정도면 좋습니다.

Step 2

Step 1을 반복하는 동안 고양이가 주사기만 보고도 빨리 달라는 듯한 태도를 취하면 그때 주사기 속의 수프를 먹여 줍니다. 먹이는 양은 소량도 괜찮습니다.

Step 3

주사기로 먹일 때 몸을 붙잡는 것에 익숙하게 만듭시다. 먼저 머리를 쓰다듬으며 먹입니다. 머리를 쓰다듬어도 고양이가 신경 쓰지 않고 먹이에 집중하게 되면 Step 4로 넘어갑니다.

Step 4

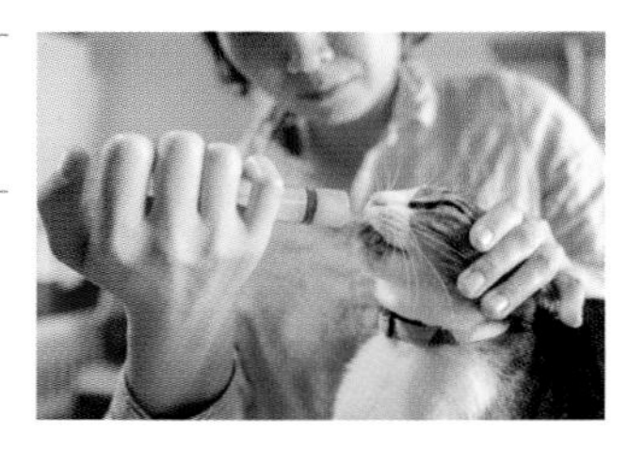

Step 3을 성공하면 그 흐름으로 사진처럼 머리 전체를 손바닥으로 감쌉니다. 그 상태에서 주사기로 수프를 먹입니다. 고양이가 싫어하지 않는다면 Step 5로 넘어갑니다.

Step 5

고양이에게 몸을 밀착시키고 팔 전체를 사용하여 붙잡습니다. 억지로 잡지 말고 부드럽게 감싸듯이 잡습니다. 처음에는 사진과 같이 잡았다가 바로 놓습니다. 잡는 시간을 1초씩 늘리며 연습합니다.

Point

실제 약을 먹일 때 고양이를 꽉 붙잡고 주사기에 든 약을 직접 주입하는 경우가 있습니다. 주사기로 약을 조금씩 밀어 내기 힘드니 사진처럼 네 손가락을 사용해서 주사기를 꽉 잡고 엄지손가락으로 누릅니다. 먼저 수프를 넣어 연습해 보세요.

안약 넣기

【준비물】 안약 용기(뚜껑을 열지 않고 사용합니다.)
간식 ※혀 클릭으로 신호를 줍니다.

Step 1

머리를 가볍게 쓰다듬으면서 안약을 보여 준 다음 혀 클릭을 하고 포상을 줍니다. 이 연습을 5회 정도 합시다. 머리를 쓰다듬으면 싫어하는 고양이는 40쪽 '머리를 쓰담쓰담'부터 시작합니다.

Step 2

Step 1을 성공하면 안약을 든 손의 새끼손가락으로 턱을 받쳐 줍니다. 그리고 반대쪽 손바닥으로 머리를 쓰다듬으면서 고개를 들게 합니다. 혀 클릭을 하고 손을 뗀 다음 포상을 줍니다.

Step 3

Step 2처럼 고개를 들게 합니다. 곧바로 눈을 크게 뜨게 해서 안약을 넣는 척합니다. 즉시 혀 클릭을 합니다. 점차 한 박자씩 시간을 늘려 가며 혀 클릭을 합니다. 양쪽 눈 다 연습합시다.

Point

어떤 레시피를 연습하든 주인이 연습 도구를 능숙하게 다룰 줄 알아야 합니다. 고양이가 도구나 동작에 좋은 인상을 갖는 것도 중요합니다. 또한 '고양이가 싫어하면' 포기할 게 아니라 '싫어하지 않게 하거나 싫어하기 전에 그만둔다'는 점을 명심하기 바랍니다. 어떤 일을 하면 맛있는 포상이 나온다는 규칙을 확실하게 하고, 연습 시간과 힘의 세기를 늘려 가면 고양이가 '당연한 일'로 여기게 됩니다. 알약 먹일 때는 투약 후 바로 5ml정도의 물을 먹입니다. 이때도 맛있는 수프는 훌륭한 포상이 되므로 맛있는 수프를 주사기에 준비해 두시기 바랍니다.

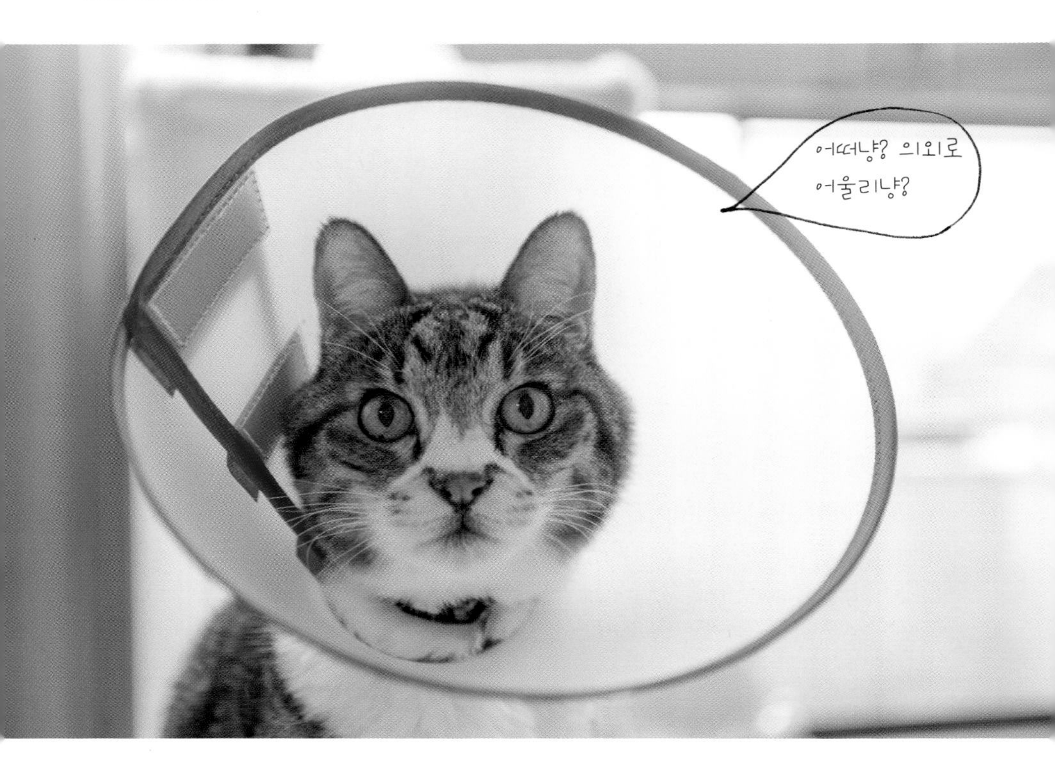

목보호대 적응시키기

**평소 건강할 때 놀면서 목보호대에 적응시키면,
위급 시 스트레스를 줄여 줍니다.**

거의 10년도 더 지난 일입니다. 사랑하는 고양이가 병을 얻어 깔때기같이 생긴 목보호대를 채워야 했습니다. 처음이라 얼마나 당황했는지 모릅니다. 고양이는 움직일 때마다 주변에 부딪혔고, 자기 뜻대로 움직이지 못하자 짜증을 부렸습니다.

이렇게 목보호대가 꼭 필요한 상황에 닥쳐서야 허둥거려 본들 연습은 불가능합니다. 몸 상태가 좋지 않으니 식욕까지 잃으면 연습은 접어야 합니다. 병에 걸렸을 때 필요한 용품은 고양이든 주인이든 그럴 때나 처음 써 보니 당황할 수밖에 없지 않느냐며, 당연하다고 생각하기 쉽습니다. 그러나 평소 건강할 때 조금씩이라도 목보호대에 익숙해지기 위한 연습을 해두면 이럴 때 큰 도움이 됩니다.

【준비물】 고양이용 목보호대, 간식, 사인은 혀 클릭(20쪽)으로 합니다.
【놀이 빈도】 성공할 때까지 매일 연습합니다. 익숙해지면 가끔 복습합니다.

Step 1

코 키스를 하게 합니다. 이때 한손을 코 가까이에 두고 해봅시다. 고양이가 자기 코를 주인 코에 살짝 대면 혀 클릭을 하고 포상합니다.

Step 2

목보호대를 보여 주고 혀 클릭을 한 다음 포상을 줍니다. 5회 반복합니다. 반복할 때마다 목보호대를 고양이 얼굴에 점점 가깝게 대봅니다.

Step 3

목보호대에 손을 가까이 두고 코 키스를 해봅시다. 코 키스를 하는 순간 혀 클릭을 하고 목보호대를 둔 채로 포상을 줍시다.

Step 4

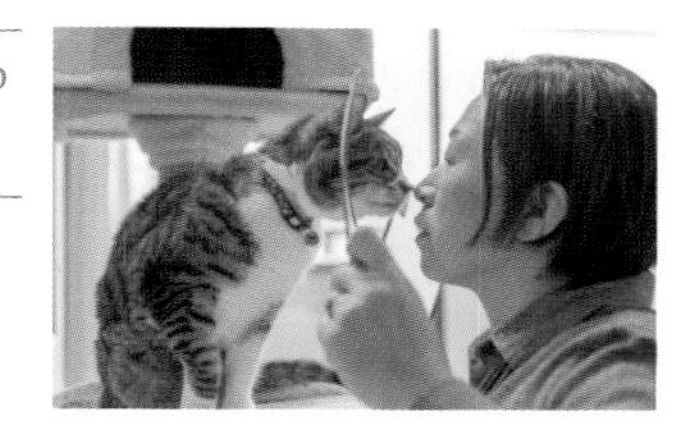

Step 3까지 고양이가 잘 따르면 손을 떼고 목보호대 너머로 코 키스를 하게 해봅시다. 성공하면 혀 클릭을 하고 포상을 줍니다.

Step 5

점차 고양이 스스로 목보호대 너머로 목을 내밀어 코 키스를 하게 합니다. 고양이가 싫어할 때는 무리하지 말고 한 단계 앞으로 돌아가 연습을 반복합시다.

Step 6

목보호대 너머로 코 키스를 하는 순간 목보호대를 고양이 귀 뒤쪽에 두릅니다. 그 순간 혀 클릭을 하고 포상을 줍니다.

Step 7

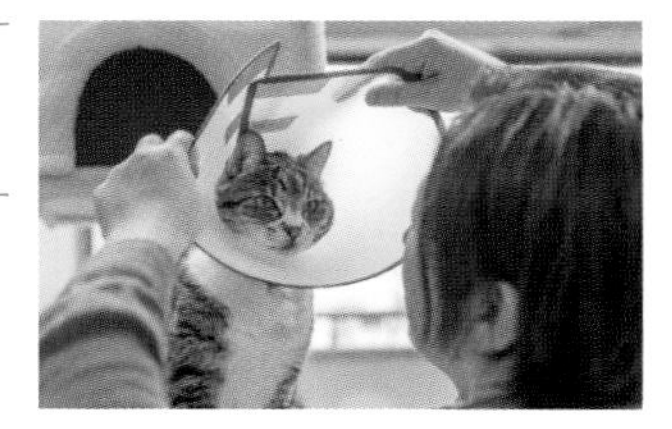

목보호대를 자연스럽게 귀 뒤로 둘렀다면 가볍게 목보호대의 고리를 연결합니다. 그리고 바로 혀 클릭을 하고 목보호대를 푼 다음 포상합니다.

Step 8

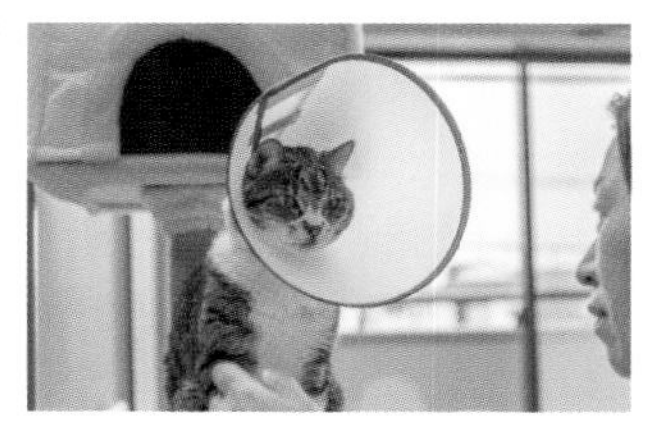

익숙해지면 목보호대 고리를 연결하고 혀 클릭을 하고 간식을 계속 주면서 착용 시간을 늘리고, 간식을 다 먹으면 목보호대를 풀어 줍니다.

칫솔을 좋아해요

칫솔을 이용한 그루밍으로 시작해서 최종적으로 양치질까지 가능한 놀이 레시피입니다.

고양이는 몸단장을 아주 좋아해서 날마다 자기 몸을 구석구석 핥아 손질합니다. 하지만 얼굴 주변은 자기 혀로 핥지 못합니다. 이때 칫솔이 필요합니다. 칫솔은 고양이의 혀와 감촉이 비슷합니다. 그러니 처음에는 고양이가 편히 쉬고 있을 때 그루밍*을 하듯 얼굴 주변을 쓸어 줍니다. 익숙해지면 조금씩 입속을 건드려 봅시다. 차츰 시간을 늘려가다가 최종적으로는 양치질을 시도해 봅시다. 이때 무리하지 않아야 합니다. 한 번에 모든 단계를 완수하려고 하지 말고, 끝까지 성공한 뒤에도 오늘은 오른쪽, 내일은 왼쪽을 연습하는 식으로 고양이가 기분 좋게 느낄 만큼만 짧게 연습합니다.

【준비물】 어린이용 칫솔
【놀이 빈도】 성공할 때까지 매일 연습합니다. 익숙해진 후에도 건강 관리를 위해 되도록 매일 복습합니다.

 *Grooming, 고양이가 혀로 온몸을 핥는 행동.

Step
1

고양이가 편히 쉬고 있을 때 합시다. 볼이나 이마, 턱 밑 등 사랑하는 고양이가 시원해 하는 곳을 단장해 준다는 느낌으로 칫솔을 사용해서 쓸어 줍니다.

Step
2

고양이가 시원해하는지 확인하면서 쓸어 주는 부위를 넓혀 갑니다. 입 주위에 이르면 한 손으로 입술을 조금 뒤집어 보고 바로 시원하게 쓸어 줍니다.

Step
3

고양이가 기분 좋게 받아들이면 입술을 뒤집고 칫솔을 이에 살짝 대 보기만 한 뒤 바로 쓸어 줍니다. 시원해하는지 확인하면서 진행합니다.

Step
4

아주 조금씩 칫솔을 대는 시간을 늘려 갑시다. 이빨에 대고 좌우로 한 번 움직여 보고 기분 좋아하는 곳을 충분히 쓸어 줍니다.

Step
5

시간이 오래 걸리더라도 한 번에 모든 것을 완성하려고 하면 안 됩니다. 오늘은 오른쪽, 내일은 왼쪽을 한다는 마음으로 고양이가 기분 좋게 따를 정도로만 짧게 연습합니다.

Point

양치질을 강요한 끝에 칫솔만 들면 고양이가 도망가는 일이 생기지 않도록 칫솔부터 좋아하게 만들어야 합니다. 최종적으로 윗니의 바깥쪽을 닦는 것이 목표입니다. 양치질은 식후에 하는 것이라고 생각하기 쉽지만 간식을 주면서 닦아도 됩니다.

Mini Lecture | 7

배설 체크로 평소 건강 관리를

매일 배설 체크하는 습관을 들이자

고양이의 건강 관리에서 식사와 배설, 몸무게 관리는 무엇보다 중요합니다. 이번 강의에서는 배설 체크 방법을 소개하겠습니다. 화장실 청결 유지 여부, 배설 모습 관찰 내용, 일일 배변 횟수와 양 등을 건강 관리표에 기록하는 것입니다. 이는 고양이의 건강을 지켜주고, 건강에 이상이 있는지 알기 위해 필요합니다.

대개 고양이의 배변 횟수는 알아도 소변 횟수는 정확히 알지 못합니다. 대변은 몸에 변화가 생겼을 때 바로 표시가 나지만, 소변에서는 알아차리기가 어렵습니다. 하지만 고양이는 비뇨기계 질병에 자주 걸리므로 소변 상태 관찰은 매우 중요합니다. 집에서 소변 채취에 성공했다면 그 다음은 병원에서 정기적으로 검진 받기를 권합니다.

국자로 채뇨하는 방법을 소개합니다. 고양이는 사람이 보고 있으면 배설하지 않습니다. 따라서 무리하게 채뇨하기보다 배설 행위를 정확히 관찰하는 것에 중점을 둡시다. 국자를 대면 배설을 멈추거나 화장실에서 도망치면 강요하지 않아야 합니다. 우선은 주인이 보고 있더라도 고양이가 신경 쓰지 않고 편하게 배설하는 것을 목표로 합니다. 배설을 시작하면 한 손에 간식을 준비하고 기다립니다.

※소변 검사 때 사용하는 물건은 모두 청결해야 합니다. 그렇지 않으면 검사 결과에 영향을 미칠 수 있으니 주의하십시오.
※국자 외에 소변 검사용 채뇨기라는 채뇨용 스펀지를 쓰기도 합니다. 손쉬운 방법을 선택하기 바랍니다.

채뇨 연습

1 고양이가 배뇨를 할 때 가까이에서 지켜봅니다. 덮개가 있는 화장실일 경우에는 덮개는 떼어 냅니다. 고양이가 배뇨를 끝낸 다음 화장실에서 나오면 기다렸다는 듯이 간식을 주어도 좋습니다.

2 고양이는 갑자기 반짝이는 물건을 보면 깜짝 놀랍니다. 고양이의 눈에 익도록 배뇨하는 동안 채뇨기로 사용할 국자를 한 손에 들고 기다립니다. 고양이가 화장실에서 나오면 국자를 고양이의 시야 안에 두고 간식을 줍니다.

3 2의 연습을 계속 하면서 고양이가 배뇨하는 모습을 지켜보며 어느 방향에서 채뇨를 할지 예상해 봅니다. 그러기 위해서는 고양이의 소변이 어디쯤에서 나오는지 유심히 관찰해야 합니다.

4 고양이가 배뇨하고 있을 때 오줌을 받아 낼 생각을 하면서 고양이의 동작을 살핍니다(아직 실제로 채뇨하지는 않습니다). 배뇨 중인 고양이 바로 옆에서 국자를 움직여도 고양이가 신경 쓰지 않으면 다음 단계로 넘어갑니다.

5 실제로 채뇨하기에 적당해 보이는 위치에서 모래 위에 국자 바닥을 댑니다. 1초로 시작해서 5초까지 고양이가 자세를 유지하고 가만히 있으면 실제로 채뇨해 봅시다.

6 실제로 채뇨를 할 때는 다시 1초부터 5초까지 기다려 봅니다. 소변이 나오는 곳에 국자를 들이밀고 1초쯤 있다가 빼 냅니다. 이때 모래가 들어가기도 하지만 연습이므로 상관없습니다.

※ 집에서 채뇨가 가능해지면 정기적으로 병원에 가서 검사를 받읍시다(채취한 소변을 가져가는 방법은 병원 지시에 따릅니다). 또한 주인이 직접 고양이 소변을 확인해 봐야 합니다. 색깔이나 냄새 관찰, 산성도 검사는 집에서도 가능합니다. 자주 체크해서 소변의 변화를 감지하도록 합시다.
※ 이 책에 소개한 소변 검사용 채뇨기는 아직 우리나라에는 보급되지 않은 듯합니다. 직접 컵으로 받거나, 비흡수성 모래에 배뇨하게 해서 채취하거나, 주사기에 얇은 관을 연결하여 방광에 집어넣는 방광천자법 등이 일반적입니다.(옮긴이 주)

국자로 채뇨하기 어려운 고양이일 경우

국자나 채뇨기를 사용하기가 어려운 고양이일 경우에는 다른 방법을 생각해 봅시다. 평소에 고양이용 이중 화장실을 사용한다면 밑에 있는 트레이 부분으로 받아 내는 방법도 있습니다. 이때 트레이 부분에 깔려 있는 흡수 시트는 빼냅니다. 병원에 검사받으러 갈 때는 트레이로 받아 낸 소변을 주사기나 스포이드로 채취해서 병원에 가져갑니다.

※채뇨 시 모래나 그물망, 트레이 등은 청결해야 합니다. ※트레이 위에 랩을 깔아 소변을 받는 방법도 있습니다.

Mini Lecture | 8

글 : 아오키 아유미

허즈번드리 트레이닝husbandry training이란?

고양이를 돌보는 데 필요한 트레이닝

동물의 건강 관리를 포함해서 사육 관리에 필요한 동작 훈련을 '허즈번드리 트레이닝husbandry training'이라고 합니다. 수족관에서 사육하는 돌고래의 건강 관리를 위해 돌고래 쇼 기술을 응용하여 풀 가장자리에 몸을 올리거나, 다가오게 하거나, 트레이너 또는 수의사 앞에서 건강 검진에 필요한 자세를 취하도록 가르쳤던 데서 시작되었습니다.

애완 고양이도 포상을 사용하면 5장에서 소개한 체중계에 올라가기, 입 벌리기, 발톱 손질, 이동 가방에 들어가기 등의 훈련을 할 수 있습니다.

즐겁게 놀면서

허즈번드리 트레이닝은 보정*이나 몸을 만지는 것, 주삿바늘에 찔렸을 때의 아픔 등 동물이 질색하는 것을 수용하게 하는 것입니다. 싫어하는 일을 하게 하려면 먹이를 이용한 포상과, 불쾌감 및 불안・공포를 일으키는 자극을 동시에 주어 편안하게 여기도록 적응시켜야 합니다.

예컨대 보정은 털끝을 살짝 건드리는 약한 자극을 하고 즉시 포상을 합니다. 그리고 점점 세기를 늘려 가며 반복합니다. 긴장까지는 아니지만 약간의 불쾌감을 느끼게 하고 포상하는 동작을 반복해 손으로 몸을 잡아도 문제없을 때까지 서서히 진행합니다. 익숙해지면 고양이의 스트레스가 적어지고, 즐겁게 놀 때와 비슷한 상태가 됩니다.

고양이에게 선택권을 주는 것

고양이에게 "약 먹자."고 다가가면 대부분의 고양이는 질색을 하며 도망치기 일쑤지요. 고양이는 정말 약 먹기를 싫어할까

*保定. 고양이를 사람이 손이나 팔로 잡아 못 움직이게 하는 것.

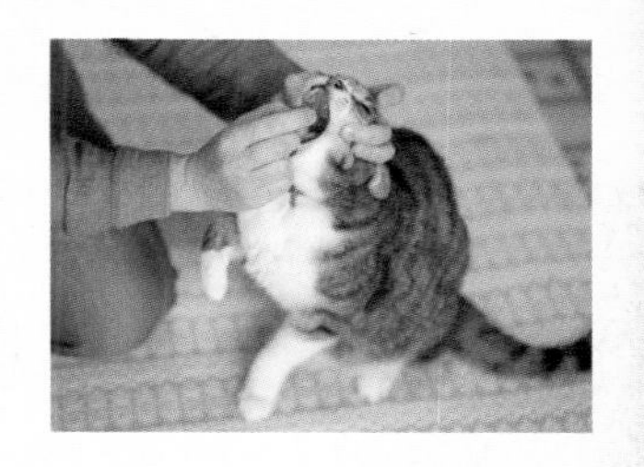

요? 아니면 누군가가 자기 몸을 만지는 것이 싫어서일까요? 아니면 둘 다일까요?

사실 고양이는 음식물을 잘 씹어 먹는 동물이 아니고, 알약은 맛과 냄새가 없어 먹는 것 자체를 싫어할 리 없습니다. 하지만 붙잡혀서 억지로 먹어야 하니 도망치는 것입니다. "약을 먹으면 나중에 포상이 있어. 먹지 않으면 포상은 없어. 어느 쪽을 택하겠니?"라고 고양이의 의향을 묻기 위한 준비가 허즈번드리 트레이닝입니다.

예를 들어 고양이에게 약을 먹일 때 주인이 몸이나 얼굴을 만져도 가만히 있는 연습이 필요합니다. 그것을 시작으로 '약이 입속에 들어간다'는 상황 외에 고양이가 싫어하는 행위를 포상의 힘으로 아무렇지 않게 여기도록 합니다. 여기까지 성공하면 고양이는 약을 먹을지 말지 선택합니다.

허즈번드리 트레이닝은 어떤 치료든 순순히 받아들이는 상태로 만드는 훈련은 아닙니다. 아픈 것은 아픈 것이고, 싫은 것은 싫은 것입니다. 아무리 연습해도 고양이가 무아의 경지에 이르지는 못합니다. 필요에 따라 보정과 마취, 진정제도 사용합니다. 맛있는 포상에 대한 대가로 고양이가 참을 수 있을 만큼만 자극해야 한다는 사실을 기억해 두어야 합니다.

우선 귀여운 동작을 가르칩니다

"곡예 따위는 가르치고 싶지 않다. 하지만 허즈번드리 트레이닝이라면 해보고 싶다." 이런 경우에는 좌절하거나 고양이에게 부담만 강요하다가 끝날 공산이 큽니다. 허즈번드리 트레이닝을 하려면 고양이를 가르치는 기술이 어느 정도 필요합니다. 이왕이면 실패는 최소화해야 하니까요.

먼저 귀여운 동작을 몇 가지 가르쳐 보고, 잘하는 동작부터 시작합시다. 허즈번드리 트레이닝은 가르치기 쉽고, 동작이 조금 미숙해도 고양이 입장에서는 포상을 받으니 즐겁기만 합니다. 따라서 실패를 마음에 둘 필요가 없습니다. 주인으로서는 교수법이 늘고, 고양이로서는 지시대로 움직이면 포상이 나온다고 학습했으니, 양쪽 다 의욕적으로 바뀌고 허즈번드리 트레이닝이 마냥 즐거워집니다.

Part 6

놀이를 통해 만일의 경우에 대비하기

날마다 즐겁고 건강하게 생활한다면 더할 나위 없겠지요. 하지만 동물병원을 가야 한다거나 갑작스런 재해로 피난할 경우도 생깁니다. 여러 경우를 가정하여 '유사시'를 대비하는 것이 주인의 역할입니다. 한편 고양이는 일상생활에서 집에 손님이 찾아오는 것만으로도 스트레스를 받습니다. 그러므로 고양이가 경험하는 세계가 넓을수록 스트레스도 적어집니다. 이번 장에서는 다양한 놀이 경험을 통해 고양이의 마음을 안정시키고 싶은 주인의 바람을 이루어 주는 놀이 레시피를 몇 가지 소개하겠습니다.

손님 적응시키기

손님이 찾아오면 숨어버리는 겁쟁이 고양이도 주인이 안심시켜 주면 낯가림 극복이 가능합니다.

손님이 찾아왔을 때 고양이가 숨어 버린 적은 없었나요? 그럴 때 "고양이가 다 그렇지 뭐."라며 내버려 두는 것은 사실 고양이를 불쌍하게 만드는 처사입니다. 고양이는 그 상황이 무서워서 도망치거나 숨거나(혹은 싸우거나) 하는 자구책을 선택하는 것입니다. 저렇게 무서워하니 숨을 곳을 만들어 주자는 생각은 옳은 방법 중 하나이지만 근본적인 해결책은 아닙니다. 여기서 생각해 볼 문제가 있습니다. 손님이 정말 그렇게 무서울까, 라는 점입니다. 손님이 고양이를 괴롭힐 리는 없습니다. 따라서 고양이에게 "무섭지 않아. 괜찮아."라고 가르쳐서 손님이 왔을 때 고양이가 안심하고 지내도록 해주어야 합니다.

【준비물】 클리커, 간식(특별히 좋아하는 것), 손님 역할
【놀이 빈도】 되도록 자주 연습합니다. 익숙해져도 계속합시다.

Step
1

손님이 찾아왔을 때 무서워하지 않도록 고양이가 안전하다고 느낄 만한 은신처를 만들어 놓습니다. 손님이 집안으로 들어오기 전에 집게손가락으로 유도해서 고양이를 그 은신처로 오게 합니다.

Step
2

고양이가 은신처에서 안심하고 있으면 주인은 고양이가 특별히 좋아하는 간식을 가져다 줍니다. 만약 간식을 먹지 않으면 손님은 조용히 돌려보내야 합니다. 몇 번 도전하면 간식을 먹게 됩니다.

Step
3

손님이 왔을 때 고양이 스스로 조금이라도 관찰하는 모습이 보이면 간식을 줍시다. 간식으로 유혹하는 것이 아니라 스스로 나오게끔 고양이가 한 발짝이라도 움직이면 클리커를 누르고 포상을 줍니다.

Step
4

고양이가 손님에게 흥미를 보이며 밖으로 나오면 우선은 주인이 포상을 주고, 그 자리에서 먹는다면 손님도 고양이에게 간식을 줍니다. 이때 고양이 얼굴은 보지 말고 바닥에 포상을 두는 동작만 합니다.

Step
5

손님이 놔 둔 포상을 먹으면 인사하기에 도전해 봅시다. 고양이는 집게손가락을 내밀면 냄새를 맡으려고 하는 경향이 있습니다. 집게손가락에 흥미를 갖거나 코를 대면 클리커를 누르고 포상을 줍니다.

Point

손님 역할을 할 사람에게 규칙을 확실하게 알려 줍시다. 되도록 조용히 행동할 것, 고양이 얼굴을 보지 않을 것, 만지지 않을 것 등의 규칙을 지키도록 당부합니다. 122~123쪽 '낯가림 극복 방법'을 참고해 보시기 바랍니다.

몸에 걸치는 것 적응시키기목걸이, 하네스

만일을 위해 목걸이와 하네스를 착용하는 연습을 틈틈이 해 둡시다.

많은 고양이들이 무언가가 몸에 들러붙으면 싫어합니다. 목걸이와 하네스는 만일을 위해서도 평소부터 익숙하게 만듭시다. 밖으로 도망갔을 때나 천재지변이 일어났을 때 길을 잃은 고양이라면 마이크로칩이 유용하지만 한눈에 알아보기 쉬운 방법은 목걸이에 달린 미아방지용 명찰입니다. 재해 때를 생각하면 목에 부담이 적은 하네스가 낫다고 여기는 사람도 많은 듯합니다. 목줄을 매려고 할 때 목걸이에 달면 목에 큰 부담을 주므로 하네스에 연결하는 방법을 추천합니다. 평소에 자주 사용하여 고양이가 익숙해지도록 미리 연습합니다. 고양이가 목걸이와 하네스를 보고 좋아하게 만듭시다.

【준비물】 목걸이 또는 하네스, 핥는 타입의 간식, 장난감 ※만약 갖고 있다면 연습용 헝겊인형(고양이 모양이 아니어도 무방).
【놀이 빈도】 성공할 때까지 매일 연습합니다. 익숙해지면 가끔 복습합시다.

끈 형태 하네스

Step **1**

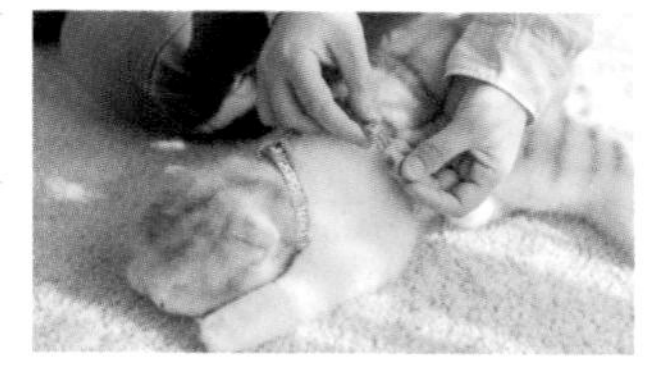

헝겊인형 같은 것으로 하네스 착용법과 구조를 익혀 둡시다. 여러 종류의 하네스가 있으므로 주인이 먼저 익숙해져야 합니다.

Step **2**

액상 간식을 우유팩에 발라 주고, 고양이가 핥아먹는 동안 목걸이의 한 부분을 목에 올리거나 감아 봅니다. 고양이가 간식을 다 먹으면 바로 풀어 줍니다.

Step **3**

고양이가 하네스를 신경 쓰지 않게 되면 장난감으로 놀 때와 똑같이 목걸이를 달아 줍니다. 놀 때는 목걸이를 채우고 놀이가 끝나면 풀어 줍니다.

Step **4**

목걸이를 신경 쓰지 않게 되면 목걸이에 끈을 묶고, 몸통에도 끈을 묶습니다. Step 2, 3처럼 몸통 부분의 끈도 익숙하게 만듭니다.

Step **5**

목걸이와 몸통 부분의 끈을 이어 줍니다. Step 2와 Step 3을 연습하여 목걸이와 몸통의 끈이 연결된 상태로 한 번 착용시킵니다.

조끼 형태의 하네스 착용법

Step **1**

끈 타입의 하네스와 마찬가지로 고양이 인형을 사용해서 주인이 재빨리 입히는 방법을 여러 번 연습합니다.

Step **2**

고양이와 좀 떨어진 곳에서 조임줄의 벨크로Velcro를 짝 뜯는 소리를 들려주고 간식을 줍니다. 점점 다가가 벨크로 소리를 내어 익숙해지도록 합니다.

Step **3**

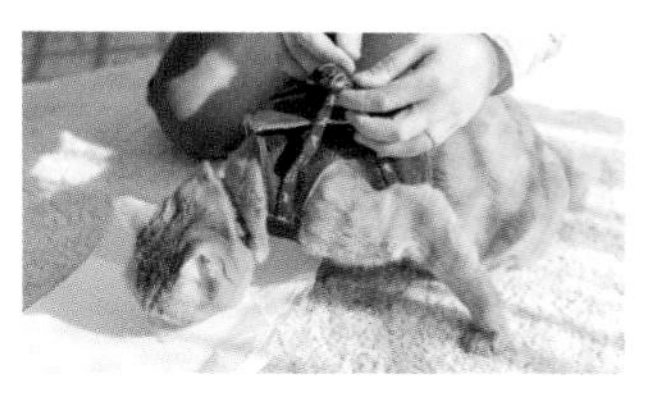

Step 2의 끈 형태 하네스와 마찬가지로 간식을 핥는 동안 조끼 형태의 하네스를 고양이에게 입혀 주고 익숙해지면 착용한 채 장난감 놀이를 합니다.

이동 가방에 들어가게 하기

이동 가방에 들어가는 것을 당연하게 여기도록 평소에 익숙하게 합시다.

고양이를 동물병원에 데려갈 때만 이동 가방에 넣으니 당연히 낯설어하지 않겠느냐고 생각하시나요? 고양이는 원래 좁고 어두운 공간을 좋아하는 동물입니다. 커다란 종이상자나 돔 형태의 고양이집 같은 곳에 제 발로 찾아들어가는 고양이의 습성을 생각하면 이동 가방에 들어가게 하는 것도 그리 어렵지 않습니다. 고양이가 머뭇거리지 않고 이동 가방에 척척 들어가 준다면 외출은 물론 병원 다니기도 서로 편해질 겁니다. 그러기 위해서라도 이동 가방은 문이 닫힌다는 사실을 알려주어야 합니다. 갑자기 이동 가방의 문을 닫았다가 고양이가 놀라서 다시는 들어가지 않는 경우도 있습니다. 조금씩 연습해서 적응시켜 줍시다.

【준비물】 이동 가방, 타월, 문을 고정할 저울추 따위, 간식
【놀이 빈도】 성공할 때까지는 매일 연습합니다. 익숙해진 후에도 2~3일에 한 번씩 복습합니다.

※이동 가방은 위아래가 분리되고, 위에서나 앞에서도 고양이를 꺼낼 수 있는 형태를 추천합니다.

Step
1

이동 가방의 문을 떼어 내고 타월을 깐 다음 좋아하는 간식을 안에 많이 넣어 둡니다. 고양이의 모습을 관찰하고 있다가 간식을 먹으려고 이동 가방 안으로 들어가면 2~3알 더 넣어 줍니다. 간식을 찾아 스스로 들어가게 되면 Step 2로 넘어갑니다.

Step
2

고양이가 이동 가방 안에 없을 때 문을 도로 답니다. 달기만 하고 문을 닫지는 않습니다. 갑자기 문이 닫히지 않도록 문을 고정시켜 둡니다. 문이 달려 있어도 고양이가 이동 가방 안에 들어가서 간식을 먹으면 다음 단계로 넘어갑니다.

Step
3

간식을 추가로 줄 때, 문에다 손을 올려놓습니다. 고양이가 신경 쓰지 않고 먹이만 먹으면 문을 1cm 정도 닫았다가 즉시 다시 열고 간식을 더 줍니다. 1cm 닫기를 5회 한 다음 2cm 닫기를 5회 연습합니다. 차츰 문 닫는 폭을 늘려 익숙하게 만듭니다.

Step
4

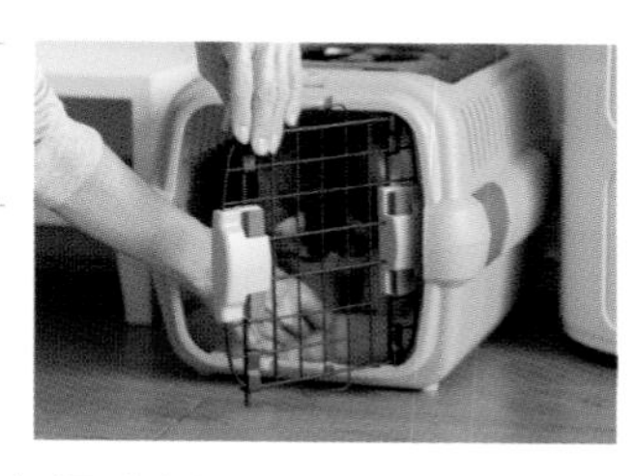

고양이가 이동 가방에 들어가 있을 때 문을 입구 근처까지 닫습니다. 바로 열 수 있게 해 놓고 문 너머로 간식을 몇 번 넣어 준 다음 문을 절반 정도 열어 둡니다. 간식을 다 먹어도 나오지 않는다면 문을 가볍게 닫고 간식을 추가로 줍니다.

Step
5

간식을 넣고 문을 잠급니다. 고양이가 이동 가방에 다가가면 열쇠로 열어서 들어가게 해줍니다. 간식을 먹는 동안 문을 가볍게 닫았다가 간식을 다 먹으면 문을 열고 집게손가락으로 유도합니다. 이때 간식 양을 점점 줄여 갑니다.

Step
6

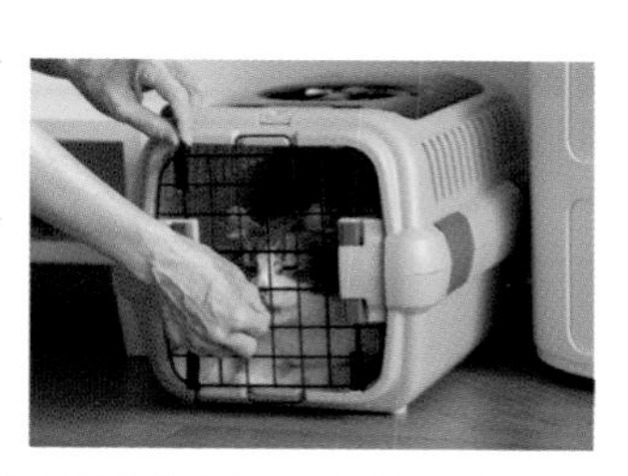

이동 가방 안에 간식을 넣고 문을 닫습니다. 고양이에게 "들어가."라고 말하며 문을 엽니다. 안으로 들어가면 간식을 추가로 줍니다. 문을 닫고 간식을 먹는 동안 문을 잠급니다. 곧바로 열쇠로 열어 주고 나올지 말지는 고양이에게 맡깁니다.

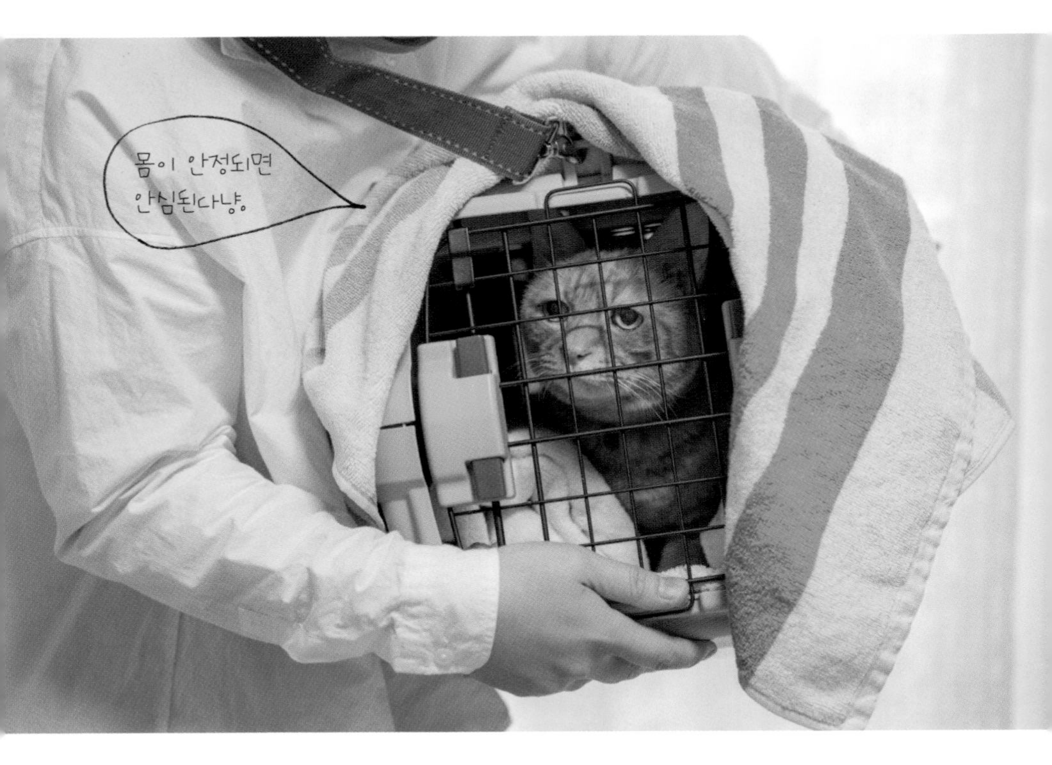

이동 가방으로 외출하기

이동 가방을 들고 외출할 때 고양이가 흔들리지 않고, 안정감을 줄 수 있는 방법을 소개하겠습니다.

이동 가방을 들고 다닐 때 고양이가 얼마나 흔들리는지 아시나요? 예전에 제 사랑하는 고양이가 폐병에 걸린 적이 있습니다. 저는 천으로 된 이동 가방을 어깨에 메고 도보와 전철로 병원에 갔습니다. 병원에 도착해 가방을 열어 보고 깜짝 놀랐습니다. 고양이 코에서 피가 흘렀기 때문입니다. 병원으로 오는 내내 이동 가방이 흔들렸고, 가방의 망사 부분에 코가 쓸려 상처가 났던 것입니다. 안 그래도 호흡곤란으로 힘든데 상처까지 입혔으니……, 저는 크게 반성했습니다. 몸이 아픈 고양이가 이동 가방 안에서 이리저리 흔들리느라 얼마나 힘들었을까요? 가능하면 흔들리지 않게 할 방법을 소개합니다.

【준비물】 이동 가방, 간식, 타월 여러 장
【놀이 빈도】 성공할 때까지는 매일 연습합니다. 익숙해진 후에도 2~3일에 한 번씩 복습합니다.

Step **1**

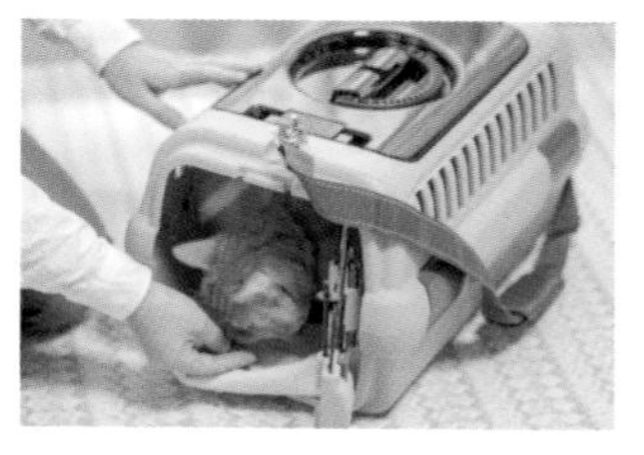

이동 가방 속에 시트나 타월 등 고양이가 좋아하는 것을 깔아 둡니다. 주인이 억지로 강요하지 않아도 고양이 스스로 자연스럽게 이동 가방 안으로 들어가면 간식을 줍니다.

Step **2**

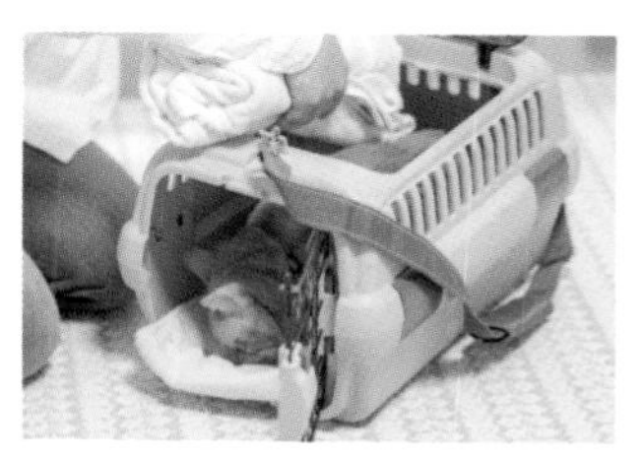

고양이가 이동 가방 속에 얌전히 앉아 있으면 이동 가방의 윗부분 뚜껑을 엽니다. 그런 다음 고양이 좌우 빈틈에 말아 둔 타월을 넣어 고양이를 고정시킵니다. 적당히 간식도 추가해 줍니다.

Step **3**

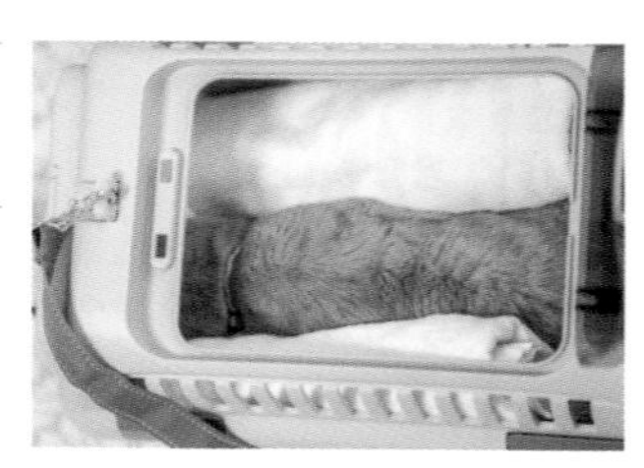

고양이가 차지하고 남은 빈 공간에 타월이 꽉 차게 들어갔는지 확인한 다음 윗부분 뚜껑을 닫습니다. 이렇게 해서 이동하는 중에 가방 안에서 고양이가 심하게 흔들리는 것을 방지합니다.

Step **4**

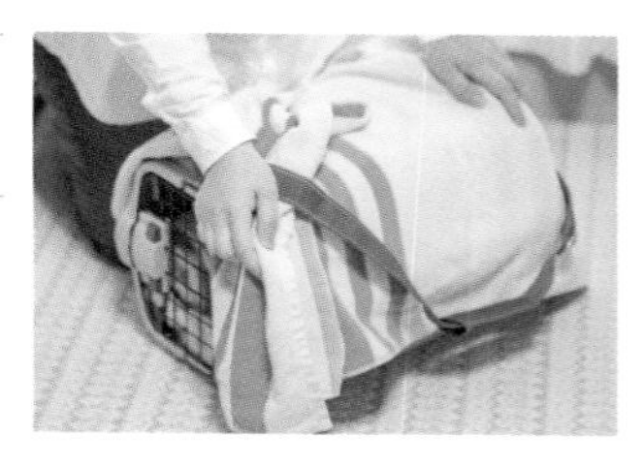

이동 가방 전체를 목욕 타월로 감쌉니다. 이때 바깥에서 내부 확인이 가능하도록 앞부분 문이 조금 보이게 타월을 걷어 냅니다. 이동 가방 틈으로 적당량의 간식을 추가해 줍시다.

Step **5**

이동 가방을 들어 올릴 때는 안정된 자세로 아랫부분을 잡고 들어 올립니다. 짐이 아니라 고양이를 안아 올린다는 생각으로 조심스럽게 들어 올려야 합니다. 안전을 위하여 어깨에 멜빵을 멥니다.

Step **6**

이동 가방을 바짝 끌어안아 운반합니다. 이 상태에서도 고양이가 간식을 먹을 수 있도록 연습합시다. 병원에 갈 때는 간식을 먹기 힘들지만 집으로 돌아오는 길에 먹을지도 모르니 간식을 놓아 둡니다.

※외출할 때 여름에는 냉매제, 겨울은 손난로를 타월 속에 넣어 주어 쾌적한 온도를 유지해 줍니다.

타월 게임

타월로 감싸서 이동하는 놀이입니다.
동물 병원에 도착해 이동 가방에서 고양이를 꺼낼 때 매우 유용합니다.

동물병원에 도착했지만 고양이는 이동 가방에서 나오려고 하지 않는 경우가 많습니다. 가장 좋은 대처법은 스스로 나올 때까지 기다려 주는 것입니다. 가장 좋지 않은 대처법은 이동 가방에서 끌어 내는 것입니다. 싫다는데 억지로 끌어 내면 진찰하는 내내"다 싫어! 병원은 질색이야."라며 거부감만 일으킵니다.

최근 증가 추세에 있는 고양이 친화 병원*에서는 고양이가 이동 가방에서 나오지 않을 때 이동 가방을 상하로 분리한 다음 타월로 감싸서 안아 올려 진찰대로 옮기는 방식을 취합니다.

집에서도 이렇게 타월에 감싸서 꺼내는 연습을 해둡시다.

【준비물】 상하 분리형 이동 가방, 타월 여러 장, 간식, 혀 클릭(20쪽 참조)으로 신호
【놀이 빈도】 성공할 때까지는 매일 연습합니다. 익숙해지면 가끔 복습합니다.

*Cat Friendly Clinic, 낯선 환경과 사람에 스트레스를 받는 고양이의 특성을 배려해 고양이만을 위한 대기실, 입원장, 진료실 등을 갖춘 동물병원. 국제고양이수의사회(ISFM)의 심사를 거쳐 인증받는다.

Step
1

이동 가방의 윗 부분은 떼어 내고, 아랫부분에 있는 고양이를 타월로 일부분만 덮습니다. 그 안쪽에도 타월을 깐 뒤 간식을 올려놓습니다. 고양이가 자연스럽게 간식을 먹으면 타월이 덮여 있는 안쪽에 간식을 추가로 넣어 줍시다.

Step
2

타월로 덮는 부분을 조금씩 늘려 갑니다. 나중에는 이동 가방 전체에 간식을 뿌리고 타월로 덮어 줍시다. 온몸이 타월로 덮인 상태에서도 고양이가 아무렇지도 않게 그 안에서 간식을 찾아 먹는 것이 목표입니다.

Step
3

간식을 찾느라 이동 가방에서 나오지 않거나 나오더라도 금방 되돌아갈 정도가 될 때까지 반복합니다. 간식을 먹고 있을 때 타월을 가볍게 거두고 여러 방향에서 간식을 추가해 줍시다.

Step
4

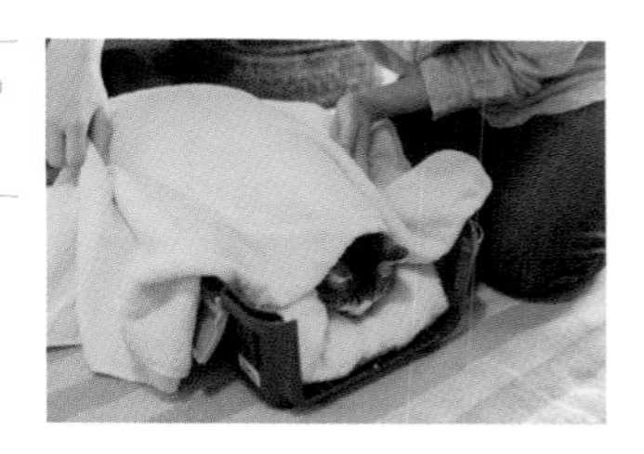

천천히 타월로 고양이의 몸을 덮어 봅니다. 간식을 먹고 있을 때 이동 가방 양쪽 틈에다 타월을 조금씩 밀어 넣습니다. 자연스럽게 간식을 먹는지 확인합시다.

Step
5

타월을 좀 더 밀어 넣어 고양이가 움직이지 않게 합니다. 타월로 고양이를 감싸는 것처럼 손바닥 전체로 고양이의 양쪽 옆구리를 만진 채 혀 클릭을 하고 포상을 줍니다. 오른쪽과 왼쪽을 차례로 만져 보고 차츰 양쪽 옆구리까지 만져 봅시다.

Step
6

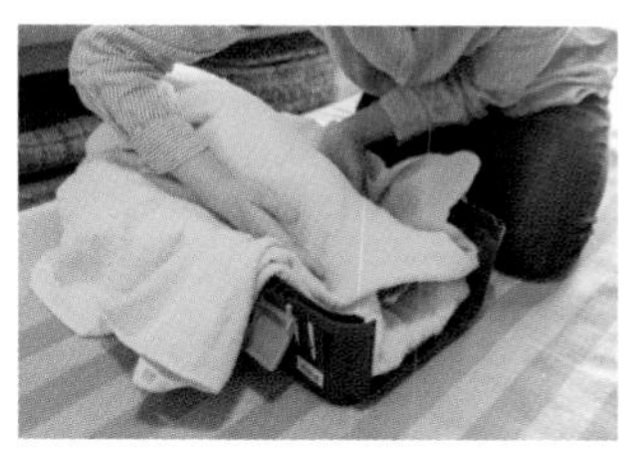

타월로 전신을 덮은 다음 팔꿈치에서 손끝까지 팔뚝 전체를 고양이 옆구리에 딱붙이고 건져 올리듯이 안습니다. 처음에는 고양이가 앞다리를 조금 올리면 혀 클릭을 하고 바로 내려놓은 다음 포상을 줍니다. 조금씩 안아 올리는 연습을 합시다.

Mini Lecture | 9

글 : 아오키 아유미

재해시 체크 리스트

가능 여부를 체크해 봅시다.

- ☐ 날마다 몸무게를 측정하여 파악하고 있습니까?[1]
- ☐ 이동 가방에 들어가거나, 이동 가방으로 이동하는 것에 익숙합니까?
- ☐ 지진이 나거나 경보가 울렸을 때 즉시 안을 수 있습니까?
- ☐ 자동차에서 숙식한다고 치고, 차에서 지내는 연습을 한 적이 있습니까?
- ☐ 밥이나 물그릇이 바뀌어도 먹고 마십니까?
- ☐ 사람 손으로 간식이나 밥을 받아 먹습니까?
- ☐ 먹이를 포상으로 이용한 트레이닝을 한 적이 있습니까?
- ☐ 최상의 포상을 찾으셨습니까?
- ☐ 간식과 먹이를 이용해서 울거나 하는 문제 행동을 통제할 수 있으십니까?
- ☐ 먹이는 적어도 한 달 분이 있습니까?
- ☐ 사람들에게 보여 줄 만한 귀여운 재주가 있습니까?[2]
- ☐ 사람에게 다가갑니까?[3]
- ☐ 가족 외 사람들과 오래 같이 지내거나 보살핌을 받은 적이 있습니까?[4]
- ☐ 어떤 사료든 먹을 수 있습니까?[5]
- ☐ 고양이를 부르면 다가오도록 연습하고 있습니까?
- ☐ 고양이가 주인을 부르는 연습을 하고 있습니까?[6]
- ☐ 안전한 은신처가 되는 이동 가방을 방 안에 두었습니까?[7]

COMMENT

1 평소에 규칙적으로 몸무게를 측정하면 고양이가 건강할 때의 몸무게를 알 수 있습니다. 몸무게는 건강의 변화를 알려 주는 하나의 지표로도 유용합니다. 그것도 건강할 때의 수치가 있어야 비교가 가능하겠지요. 즐겁게 놀면서 체중계에 올라가는 연습을 하여 몸무게 재는 습관을 들입시다.

2 대피소에서 귀염둥이가 되는 비결입니다.

3 고양이를 팔방미인으로 만들어 볼까요? 도망치더라도 다른 이에게 다가갈 수 있는 고양이라면 누군가의 도움을 받을 기회가 늘어날 겁니다.

4 잠시 남에게 맡길 때 사용하는 필수 스킬입니다. 어디서든 밥도 잘 먹고, 안심하고 지낼 수 있는 고양이가 되는 것이 목표입니다. 주인이 보기에는 조금 서운한 일일지도 모르지만 고양이로서는 살아남을 기회가 늘어나는 일입니다.

5 피난 생활에서는 특정 제조사나 상표의 사료만 먹이기는 어렵습니다. 유통량이 많은 사료에 익숙해지게 만들어 놓으면 편리합니다.

6 고양이가 주인을 부르는 소리에 반응하는 술래잡기 놀이는 엄격한 교육을 강조하는 쪽에서는 편법이라고 하겠지만 저는 가벼운 트레이닝 추천파라서 자주 하는 편입니다. 고양이가 귀여운 소리로 부르면 반응해 주는 것이 요령입니다. 1. 고양이가 귀여운 소리로 울면 주인은 즉시 달려가거나 대답을 해줍니다. 2. 고양이 이름을 불러 보고 고양이가 응답을 하면 달려갑니다. 1, 2 모두 주인이 모습을 드러내는 것만으로 행동 횟수가 늘지 않으면 먹이를 포상으로 사용합시다. 술래잡기 게임을 다양한 패턴으로 연습해서 언제든 안아 주기가 가능하도록 훈련시키면 여러 모로 도움이 됩니다.

7 학교에서 재난 안전 훈련을 할 때 아이들이 책상 밑에 숨는 것과 비슷한 연습입니다. 유사시 고양이가 자발적으로 이동 가방에 들어가면 문만 닫으면 됩니다. 이것이 가장 빠르고 안전한 수용 방법입니다. 고양이는 창문이나 문이 부서지면 밖으로 뛰쳐나가 길을 잃을 우려가 많아 이 방법을 추천합니다.

Mini Lecture | 10

글 : 아오키 아유미

대비하기 어렵다?

우리 고양이는 못한다? 필요 없다?

앞에 나온 체크리스트는 2016년 구마모토 지진 이후 페이스북에 올라온 게시물을 제가 재구성한 것입니다. 개든 고양이든 마찬가지이지만 페이스북에서 특히 고양이 주인 가운데 우리 고양이는 교육시키기 어렵다고 토로하는 경우가 많습니다.

또한 젊고 건강한 고양이와 지내는 초보 주인은 건강 관리에 유용한 트레이닝이 있다고 설명해도 별로 와 닿지 않을 겁니다.

투병과 사라지지 않는 후회

허즈번드리 트레이닝에 관심을 갖는 대부분의 고양이 주인은 사랑하는 고양이의 투병 경험이 있습니다. 질병으로 인한 고통에 더해 진찰과 간호가 주는 스트레스가 겹쳐 고양이가 크게 부담을 느낀다는 사실을 깨닫고, 건강할 때 대비했더라면 좋았을 걸 하고 후회했겠지요.

재해에 대비하는 트레이닝도 그렇습니다. 특히 고양이는 놀라서 어디론가 숨어버립니다. 주인은 여진 때문에 집에 들어가서 찾지도 못합니다. 창문이나 문이 망가져 뛰쳐나간 고양이는 길을 잃고 개보다 더 생명에 위협을 받을 확률이 높습니다. 아찔한 경험을 하거나 돌이킬 수 없는 사태에 직면해서야 사전 대비가 중요함을 뼈저리게 실감하는 것입니다.

몸을 만져 봤더라면 좀 더 빨리 알아차렸을 텐데……

꼭 붙잡고 안약을 넣곤 했지.

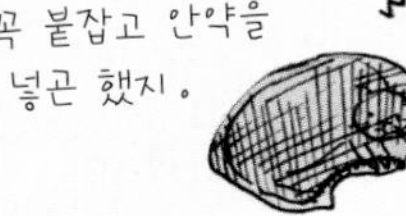

병원은 질색이야. 세탁망에 넣어서 데려가는 게 제일 힘들었지.

알면서도 하지 않는 이유

건강한 고양이라도 언젠가는 나이를 먹고 병에 걸린다는 걸 알고 있습니다. 또 사전에 연습해 두면 고양이에게 유익하다는 사실도 알고 있습니다. 하지만 실천하기는 참으로 어렵습니다.

사실 우리의 행동은 그 행동을 한 직후에 발생한 일로 영향을 받습니다. 대비를 위한 행동은 당장은 쓸모가 없거나 아예 쓸 일이 없는 경우도 많습니다. 다시 말해 가르치는 입장인 우리가 어떤 행동을 하더라도 그 후에 아무 일도 일어나지 않기 때문에 목적한 훈련을 반복하지 않는 겁니다. 그러나 예측과 대비는 우리가 성인이기에 가능한 일입니다. 고양이가 귀여운 동작을 하도록 즐겁게 가르치다 보면 훈련 과정에서 나타나는 성과들이 우리에게 포상으로 돌아옵니다. 훈련의 시작과 지속은 생각만큼 힘들지 않습니다.

연습은 배신하진 않는다

지진이 났을 때의 상황을 재현해서 연습하기란 불가능한 일입니다. 연습은 어디까지나 연습일 뿐 실제와는 다릅니다. 또한 가정에서 아무리 허즈번드리 트레이닝을 시켰더라도 동물병원에서 하는 진찰이나 치료 등 고양이가 싫어하는 일은 한두 가지가 아니기 때문에 얌전히 있게 만드는 것만도 여간 어렵지가 않습니다.

그러나 귀여운 동작 가르치기, 사회화 연습, 그리고 건강 진단 등으로 병원에 가는 횟수 늘리기 등, 고양이에게 학습할 기회를 주면 새로운 물건이나 상황에 적응하는 시간이 짧아지고 적절히 대처할 수도 있게 됩니다. 포상을 가지고 한가로이 노는 것처럼 보일지도 모르지만 실제로는 씩씩하게 살아갈 힘을 기르는 것입니다.

Part 7

놀이 레시피에 대한 Q&A와 마무리

연습을 하면서 막히거나 의문이 들면 여기에 소개한 Q&A를 참고하거나, Part 1으로 돌아가서 기초부터 다시 점검해 보시기 바랍니다. 지금까지 소개한 레시피를 모두 성공한 경우에도 여기서 끝내지 말고 날마다 복습하면서 놀이를 계속해 나갑시다. 만약 고양이가 평소와 똑같은 놀이에 싫증이 난 것 같으면 몇 가지 놀이를 조합해서 새로운 놀이를 만들어 도전해 보세요. 같이 무언가를 배운다는 점은 고양이나 주인 모두에게 멋진 추억이 될 것입니다.

Q1 고양이를 여러 마리 키우는데요, 놀이 레시피를 다 같이 해도 괜찮을까요?

A-1 놀이 레시피(클리커 게임)는 주인과 1대 1로 합시다.

고양이가 규칙을 쉽게 이해하게 하려면 고양이와 주인 사이에 1대 1 관계를 만드는 것도 매우 중요합니다. 고양이를 여러 마리 키우는 어떤 사람에게 "한 마리만 데리고 하면 간식을 먹지 않는다."는 말을 들은 적이 있고, 또 클리커 게임을 시작하고 싶은데 한 고양이에게만 주목하기가 힘들다고도 합니다. 1대 1 관계가 아니어도 상관없지만 한 번 생각해 봅시다.

집에서 고양이가 평소와 다른 상황에 처해 한 마리만 다른 방에 갇혀 먹이를 먹지 못하는 사태가 발생했다고 합시다. 그대로 방치했다가 만에 하나 치료식으로 관리해야 할 상황에 처하거나, 동물병원에 입원하기라도 하면(방에 갇힌 고양이뿐 아니라 다른 고양이가 입원할 경우도 포함해서), 그 고양이는 제대로 먹이를 먹지 못할지도 모릅니다. 그럴 때 몸이 안 좋아서 먹지 못하는 것인지, 갇혀 있었기 때문에 먹지 못하게 된 것인지 알아차리지 못한다면 그야말로 큰 문제입니다. '한 마리에만 집중한다'는 것은 그런 문제를 해결하는 계기가 됩니다. 이제부터 단단히 마음먹고 훈련에 임합시다.

Q2 애초에 우리 고양이는 간식에 흥미가 없어서 놀이 레시피에도 흥미를 보이지 않습니다. 다른 좋은 방법은 없을까요?

A-2 간식 외에 좋아할 만한 것을 해주는 것도 한 방법입니다.

간식뿐 아니라 사랑하는 고양이가 좋아하는 것을 알아 두면 여러 모로 유용합니다. 가능하면 가장 좋아하는 먹이를 알아 둡시다. 그 밖에도 고양이가 좋아하는 일이나 물건이 있을 겁니다. 예컨대 턱밑을 쓰다듬어 준다거나 손가락으로 쓱쓱 긁어 주는 것을 좋아하는 고양이, 허리를 툭툭 두드려 주면 좋아하는 고양이 등등. 고양이마다 무엇을 좋아하는지는 각양각색입니다. 따라서 간식에 별다른 흥미가 없더라도 좋아하는 일을 해주면 그것으로 포상이 됩니다.

밥은 시간을 정해서 줍시다. 먹이를 언제든 먹을 수 있는 환경에서는 특별한 간식이 아니면 포상으로 여기지 않습니다. 그것이 원인이 되어 간식에 흥미를 못 느낄 경우도 있습니다. 몸에 익히기 힘들거나 어려운 레시피에 도전할 때는 아주 특별한 포상을 해주어도 괜찮습니다. 하지만 최종적으로는 하루 식사량을 나누어 포상하는 방법이 가장 좋습니다.

Q3 우리 고양이는 다이어트 중인데 간식을 주어도 괜찮을까요?

A-3 하루치 몫을 나누어 주면 기분 전환은 물론 활력제로도 최고!

다이어트(식사 제한)는 해본 사람은 알다시피 하루 종일 음식 생각만 나는 아주 힘든 일입니다. 사람도 다이어트 중에 간식을 먹으면 행복감을 느끼듯 간식(포상)을 사용한 놀이 레시피는 다이어트 중인 고양이에게 아주 효과적인 기분 전환법입니다. 하루 식사량 중 일부를 간식으로 사용하여 게임을 하거나 퍼즐 피더를 활용하면 오래 먹이를 먹일 수 있습니다. 다이어트의 괴로움도 잊고 놀이 레시피도 열심히 하게 되어 다이어트도 쉽게 성공할 겁니다.

Q4 수의사의 추천으로 치료식을 먹이고 있습니다. 무엇을 포상하면 좋을까요?

A-4 평소에 먹이는 치료식에서 간식 분량을 따로 떼어 둡니다. 또한 식감이 다른 포상을 준비해 두는 방법도 추천합니다.

건강에 문제가 있는 고양이일 경우, 할 수 있는 놀이 레시피가 몇 가지로 안 됩니다. 하지만 만약 치료식이라도 잘 먹는 고양이라면 포상을 사용한 게임이 가능합니다.

우선 하루치 식사량을 정확하게 잽니다. 거기서 놀이에 간식을 사용할 만큼만 덜어 밀폐용기에 담아 둡니다. 놀이를 할 때 따로 담아 둔 치료식을 간식으로 사용하면 됩니다. 만약 놀이 레시피를 마칠 때까지 포상용 간식을 다 쓰지 않았다면 전부 저녁식사로 주면 됩니다(그런 날이 계속되지 않게 실컷 놀아 주세요).

고양이는 식감이 달라지면 더 좋아하는 경우도 있습니다. 어떤 병인지를 고려해서 만든 치료식 사료도 그 제조업체에서만 만든다고 보기는 어렵습니다. 같은 성분의 치료식이라도 건식 사료도 있고 습식 사료도 있습니다. 평소에는 습식 사료를 주지만 간식은 건식 사료를 사용하면 고양이가 흥미를 가질 수도 있습니다. 다른 적절한 사료가 없는지 꼭 수의사와 상담해 보시기 바랍니다.

건식 사료와 습식 사료처럼 식감이 다른 것을 나누어 구분해서 사용해 봅시다.

Q5 새끼 고양이와 여덟 살짜리 고양이가 있습니다. 놀이 레시피는 새끼 때부터 시작해야 할까요? 다 큰 고양이는 어려울까요?

A-5 다 큰 고양이든 새끼 고양이든 상관없습니다.

"새끼 고양이가 아니면 안 되겠죠?"라고 묻는 경우가 참 많습니다. 제가 아직 클리커 초보자였을 때, 몇 마리의 고양이와 클리커 게임을 하고 난 뒤 저는 '새끼 고양이와 놀아 주기는 정말 힘들다'고 느꼈습니다. 오히려 다 큰 고양이는 차분해서 느긋하게 같이 놀 수 있습니다. 그러니 주인이 초보자일 때는 어른 고양이와 시작하는 편이 더 좋습니다. 새끼 고양이일 때는 놀이 레시피 중에서도 활동적인 놀이를 권합니다. 얌전한 행동을 훈련시키는 허즈번드리 트레이닝은 새끼 고양이가 충분히 놀고 나서 졸려할 때 조금씩 시키세요. 손님에게 적응시키는 훈련(100쪽에서 소개)도 새끼 고양이일 때 하는 게 좋습니다. 정성을 들여 가르치면 어른 고양이도 낯선 사람에게 익숙해지지만 새끼 고양이일 때 훨씬 더 빨리, 부담도 적게 느끼면서 익히기 때문입니다.

Q6 간식에 쉽게 흥분해서 놀이 레시피를 진행하기 어렵습니다. 어떻게 하면 좋을까요?

A-6 식사 후 배부를 때 놀이 레시피를 하면 좋습니다.

간식에 흥미가 많은 고양이는 놀이 레시피도 쉽게 외웁니다. 하지만 실제로 간식을 보면 지나치게 흥분해 놀이 레시피는 안중에도 없는 고양이도 있습니다. 그때는 평소 식사용 사료를 간식으로 줍니다. 그래도 흥분해서 연습이 어려울 때는 식후 배부른 상태에서 해보세요. 복습하는 것이나 날마다 하는 놀이 레시피일 때는 평소에 먹는 밥을 주고, 처음이거나 좀 어려운 레시피일 때는 맛있는 먹이를 주어도 좋습니다.

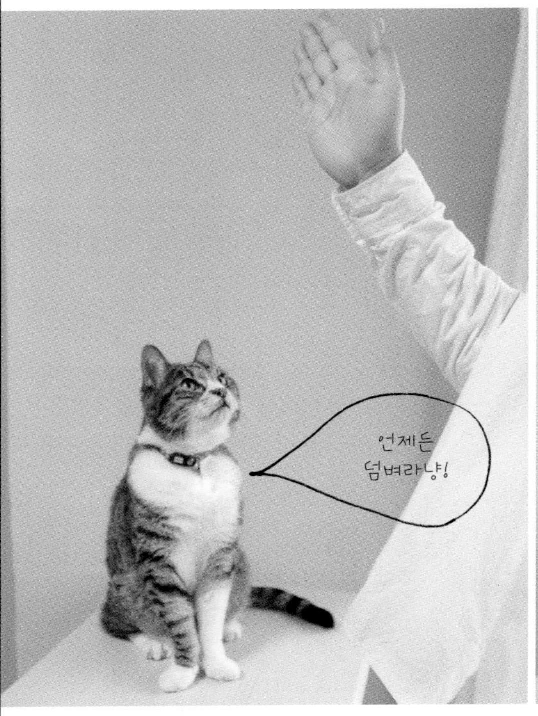

마무리 레시피 맨손칼날잡기

지금까지 소개한 모든 놀이 레시피를 습득했다면 이 책의 집대성이라고 할 만한 큰 기술에 도전해 봅시다.

맨손칼날잡기란 주인의 손날을 고양이가 막아 내는 것으로, 주인과 고양이의 호흡이 맞지 않으면 불가능한 놀이 레시피입니다. 지금까지 소개한 다양한 놀이 레시피를 시도했던 이유도 최종적으로는 이 맨손칼날잡기를 하기 위함입니다. 두 발 다 하이파이브가 가능하고, 일어서서도 한다면 1단계 돌파입니다. 다음으로 당신이 클리커 게임을 하자고 했을 때 고양이가 설레는 얼굴로 당신을 쳐다본다면 2단계도 돌파입니다. 그리고 고양이와 호흡을 맞추어 이 레시피를 성공한다면 틀림없이 고양이와 당신의 커뮤니케이션은 '이상 무!'입니다.

【준비물】 클리커, 간식
【놀이 빈도】 성공할 때까지는 매일 연습합니다. 익숙해지면 가끔 반복합시다.

Step
1

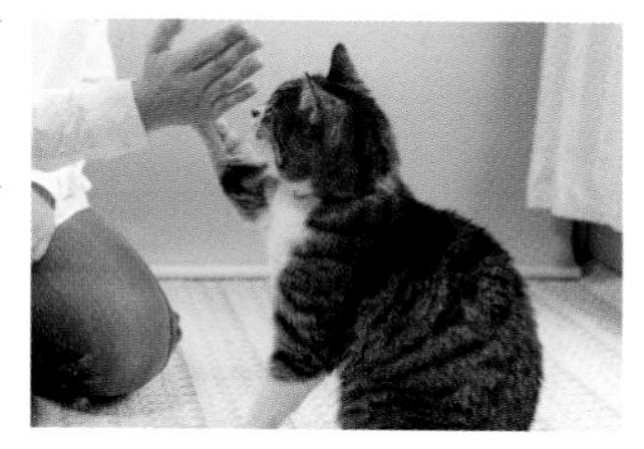

먼저 하이파이브 복습입니다. 오른쪽 앞발로 하이파이브, 왼쪽 앞발로 하이파이브. 성공할 때까지 연습합시다. 자꾸 실패하면 33쪽에 소개한 하이파이브 연습을 복습해 보세요.

Step
2

손을 높이 들어 하이파이브하게 하게 해서 다른 쪽 앞발도 들게 만듭니다. 여러 번 연습해서 손등으로도 하이파이브를 할 수 있게 합니다. 손등 하이파이브에 성공하면 클리커를 누르고 포상을 줍시다.

Step
3

오른쪽 앞발로 하이파이브, 왼쪽 앞발로 하이파이브. 번갈아 가며 연습합니다. 이때도 성공하면 반드시 클리커를 누르고 포상을 줍시다. 손날로 내리치듯이 손을 위에서 내밉니다.

Step
4

Step 2와 3을 반복하면 고양이는 쉽게 양쪽 앞발을 내밉니다. 처음에는 양쪽 앞발을 내밀기만 하고 손을 잡지는 못합니다. 그래도 클리커를 누르고 포상을 줍시다. 몇 번 반복해 능숙해질 때까지 연습합니다.

Step
5

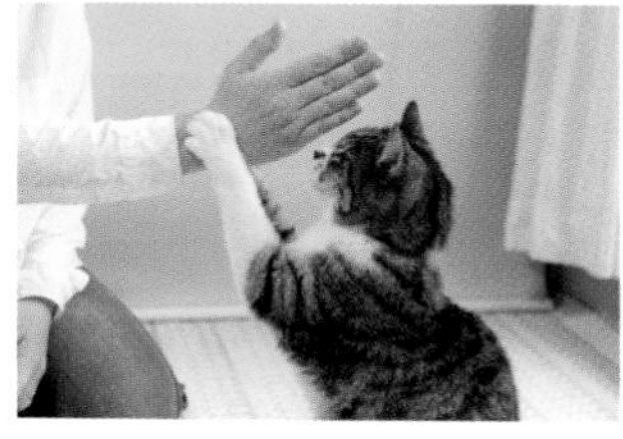

손을 위로 올리며 '손날!'이라고 말하고 '칼날잡기'라고 하면서 손날을 내렸을 때 고양이가 양쪽 앞발로 손을 잡으면 성공입니다. 고양이가 성공하면 "잘했어."라고 칭찬하고 맛있는 간식을 줍시다.

Point

좀처럼 일어서지 않는 고양이인 경우, 고양이의 머리 위에서 손가락으로 지시하여 '일어서기' 연습을 다시 한 번 해봅시다. 집게손가락을 건드리면 클리커를 누릅니다. 연습을 하면서 맨손칼날잡기로 이어질 만한 동작을 유도해 봅시다.

Mini Lecture 11

낯가림 극복시키기

고양이의 낯가림, 단념하지 마세요

이 책의 표지 모델은 제 사랑하는 고양이 '냥마루'입니다. 지금은 이렇게 촬영도 하고 손님이 찾아와도 아무렇지 않지만 클리커 트레이닝을 시작하기 전에는 손님이 오면 숨어 버리는 낯가림이 심한 고양이였습니다. 사실 손님을 무서워하거나 낯가림 심한 고양이는 많습니다. 하지만 고양이는 원래 그런 동물이라고 생각하면 착각입니다. 고양이도 손님에게 익숙해집니다. 그것은 수의사와 반려동물 관리사에게 적응하는 것으로도 연결됩니다. 평상시 손님을 익숙하게 대하도록 훈련시키면 외출할 때나 수의사의 치료를 받을 때 고양이가 느낄 부담을 덜어 줄 수 있습니다.

냥마루 낯가림 극복기

냥마루가 네댓 살쯤 되었을 때 일입니다. 손님이 찾아오자 낯가림이 심한 냥마루는 고타쓰* 속에 숨어 버렸습니다. 손님 두 명과 우리 부부는 고타쓰에 둘러 앉아 한 시간 가량 이야기했습니다. 손님이 돌아가고 난 후 냥마루가 고타쓰에서 나오기는 했지만 그때까지 마음이 진정되지 않았습니다. 냥마루는 이발을 하고 돌아온 남편을 손님으로 착각해 거의 패닉 상태에 빠지고 말았습니다.

그 뒤로 손님이 올 때는 은신처를 만들어 주었습니다. 그 후 냥마루(당시 7세)와 클리커 게임을 시작하였는데, 냥마루는 클리커를 매우 좋아하게 되었고 재주도 점점 늘어 갔습니다. 냥마루가 다양한 재주를 선보이게 되자 저는 누군가에게 보여 주고 싶었습니다. 하지만 안타깝게도 손님 앞에서는 모습을 감추는 환상 속의 고양이였습니다.

그럼 어떻게 하면 좋을까? 궁리 끝에 '손님=맛있다'를 연상시키게 하기로 했습니다. '클리커 소리=맛있는 소리' 라는 규칙을 냥마루는 이해하고 있었고, 클리커 소리도 매우 좋아했습니다. 그러면 이번에는 '손님=맛있다'라는 인식을 심어 주면 되겠다고 생각한 것입니다. 사실 '손님=맛있다'라는 인식을 심어 주기가 쉽지는 않았습니다. 하지만 그때 뜻대로 되지 않아 고생했던 일이 제가 고양이의 '행동 심리학'을 파고들었던 계기였습니다.

*숯불이나 전기 등의 열원 위에 틀을 놓고 그 위에 이불을 덮어 사용하는 난방 기구.

'손님=맛있다' 암기 시키기

애초에 낯가림이 있는 냥마루 입장에서 '손님'은 '아주 싫은 것, 무서운 것'이었습니다. 그런 마음을 조금쯤 맛있는 간식으로 상쇄시키려 했던 제 생각은 참으로 무모했습니다. 클리커 소리는 원래 고양이에게 '아무것도 아닌, 무의미한 소리'입니다. 그럼에도 소리가 나면 간식이 나온다는 의미로 '클리커 소리=맛있다'는 인식을 심어 주는 것과 손님이 오면 간식을 주어서 '아주 싫은 손님=맛있다'라는 인식을 심어 주는 것은 전혀 다른 차원이었습니다.

고양이를 무언가에 적응시키는 방법은 허즈번드리 트레이닝(96~97쪽에서 소개)과 같은 맥락입니다. 싫어하는 것과 무서운 것을 익숙하게 만들 경우에는 자극을 작게 나누어 약화시킬 필요가 있습니다. 하지만 '손님'은 나누어지는 물건이 아니니……. 그래도 자극을 줄여서 고양이가 '조금 불안하지만 뭐 괜찮겠지.'라고 생각할 정도로 연습시켜야 합니다. 그렇지 않으면 고양이로서는 참고 견뎌야 하는 일일 뿐, 사람이 자기만족을 위해 강요하는 강제 연습으로 끝나고 맙니다. 이런 경우 반려동물 관리사의 도움을 받으라고 권하고 싶습니다. 친구에게 부탁해도 좋지만 반려동물 관리사에게는 정식 관리 의뢰가 가능하고, 고양이와 직접 대면하거나 주인을 상대하지 않더라도 관리가 가능하다는 이점이 있습니다.

클리커로 고양이와 신뢰도를 높이자

순서는 이렇습니다. 처음에 손님 역할을 할 반려동물관리사가 오면 무서워하지 않게 안전지대(피신처)를 준비합시다. 익숙해질 때까지는 피신처 덕분에 고양이도 안심할 것입니다.

손님에게 익숙해지는 놀이 레시피는 100~101쪽에서도 소개하였으니 놀이 레시피에 맞게 클리커도 사용할 것을 권합니다. 주인과 클리커 게임을 즐기는 고양이라면 클리커의 딸깍 소리만으로도 "이제 괜찮아! 이 사람에게 다가가는 것이 정답이야!"라는 의미가 쉽게 전달됩니다. 그리고 손님(반려동물 관리사)이 클리커 소리를 내주면 고양이는 반드시 '아, 이 사람도 똑같은 놀이를 하네? 그럼 같이 놀아도 되겠군♪'이라고 여길 겁니다.

말이 통하지 않는 동물과 어떻게 하면 조금이라도 빨리 원만한 관계를 맺을 수 있을까. 그런 생각이 들 때 효과적인 방법이 클리커 게임 같은 공동 놀이입니다. 낯가림 극복을 위해서는 무엇보다 먼저 주인과 고양이가 즐겁게 놀이 레시피를 습득해야 합니다.

마치며

'성공 여부'가 아니라 '만드는 과정'을 즐기는 게임

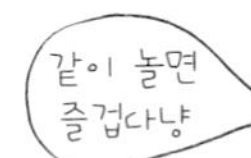

이 책에서 소개한 클리커 게임은 몸짓 맞추기 게임(같은 편끼리 몸짓으로 힌트를 주어 정답을 맞추는 놀이)과 비슷한 놀이입니다. 상대(고양이)가 쉽게 이해하도록 전달하려면 어떻게 하면 좋을지 생각하고 실천하는 것입니다. 한 가지 동작만을 가르칠 경우라도 다양한 방법이 있겠죠? 그 중에서 당신과 당신의 짝꿍(애완 고양이)은 어떤 방법을 썼을 때 가장 빨리 알아듣고 가장 정확하게 전달되는지 시험해 봅시다. 그러한 시도를 반복하고 몇 가지 레시피에 도전하다 보면 당신과 고양이 사이에는 알기 쉬운 규칙이 만들어집니다. 그렇게 규칙을 함께 만드는 과정이 최종적으로 고양이 주인의 가장 큰 바람인 허즈번드리 트레이닝으로 이어집니다.

'성공 여부'가 아니라 '함께 만들어 간다'는 과정이 더 의미가 있습니다. '성공 여부'가 아니라 '성공에 이르는 방법'과 '전달하고 싶은 내용을 정확히 전달하는 방법'에 대해 고민하고 도전해 보시기 바랍니다. 이 책은 그런 고민을 위한 참고서입니다. 한 가지 놀이 레시피는 한 예이자 아이디어입니다. 여기서 힌트를 얻어서 자기 나름대로 레시피를 만들어 각자 자기만의 방식으로 고양이와 깊은 유대감을 갖기 바랍니다. 흔히 '신뢰 관계가 있으니까' 트레이닝이 가능하다고 말하지만 사실 그렇지 않습니다. '신뢰 관계를 맺기 위해' 트레이닝을 하는 것이니까요.

이 책에 소개한 여러 놀이 레시피와 게임을 고양이와 함께 도전해 보고 당신과 고양이만의 쉬운 전달법과 간단한 놀이법을 찾아보세요. 찾아가는 과정이 바로 '소통'입니다. '성공 여부'가 아니라 고양이와 당신 사이의 소통, 바로 거기에 의미가 있습니다. 이 책은 어디까지나 선택지를 제안한 것뿐입니다. 놀이 레시피에 실패했다면 고양이와 함께 원인을 찾아보세요. 고양이가 좋아할 만한 포상은 준비했는가? 고양이가 이해하기 쉽게 '정답' 사인을 보냈는가? 고양이가 부담을 느끼지 않게 조금씩 단계적으로 실천했는가? 이처럼 검토할 점에 대한 힌트가 이 책 속에 있습니다. 과학적 관점에서 고양이와 더욱 친밀해지기 위한 멋진 소통법을 만들어 나가세요.

마지막으로 아주 개인적인 이야기 하나를 하겠습니다. 제가 처음으로 함께 생활한 고양이의 이름은 '뮤'였습니다.

오랜 바람 끝에 처음 맞이한 고양이였습니다. 이름을 지으려고 열심히 궁리했던 것도 좋은 추억입니다. 한 손에 올라갈 만큼 작아서 젖병으로 우유를 먹여 길렀습

니다. 힘들었던 점은 누가 뭐래도 역시 이유식입니다. "뮤를 위해서야." 당시 제가 입버릇처럼 했던 말입니다. 그런 말로 뮤를 얼러 가며 억지로 이유식을 입에 넣어 먹였습니다.

나중에 맞이한 다른 고양이(야마토)가 병이 났을 때도 역시 입버릇처럼 "야마토를 위해서야."라고 했습니다. 그렇게 구슬려서 야마토를 이동 가방에 담아 병원에 다니고 매일같이 커다란 알약을 억지로 먹였습니다. '이러다가는 야마토가 나를 싫어하겠구나'라고 생각하기도 했지만 병이 나았으면 하는 바람밖에 없었습니다. 그리고 클리커 게임을 알고 나서 좋은 일이 많았습니다. 그 중에서도 고양이 한 마리 한 마리의 취향을 알게 되었던 점이 정말 좋았습니다. 사랑하는 고양이 테트라가 시한부 선고를 받았을 때 저는 테트라가 좋아하는 것을 골라 제공해 줄 수 있었습니다. 테트라를 위해서만이 아니라 제 자신의 마음도 버티게 해주었습니다. 사랑하는 고양이를 위한 일은 건강을 잃은 다음이 아니라 좀 더 건강할 때 무엇을 해주느냐에 달려있다고 생각합니다.

"저는 고양이의 하인입니다."라고 자신을 소개하는 사람도 위급할 때는 고양이를 억지로 붙잡고 '고양이를 위해서'라며 구슬리고 어릅니다. '고양이는 교육하지 못한다, 트레이닝 따위는 불가능하다' 는 편견 때문에 교육하는 방법이 있다는 사실조차 알지 못한 채 지내기 십상입니다. 배울 기회를 주지 않은 채 억지로 '고양이를 위해서'이니 별 수 없다는 말로 넘어가지는 않으십니까? 몹시 안타까운 일입니다. 이 책을 집어 들었거나, 혹은 읽고 있는 당신은 부디 진정으로 '고양이를 위해서' 실천해 주시기 바랍니다. 고양이가 곤경에 처했을 때 "너를 위해서야."라며 억지로 강요하지 마십시오. 평온한 일상 속에서 언젠가 닥칠 유사시를 대비해야 합니다. 고양이와 함께 즐기면서 무언가를 이루어가는 일은 고양이와 유대감을 강화하고, 멋진 추억도 쌓는 일일 겁니다. 즐겁게 도전하세요. 그 이야기를 함께 나눌 수 있다면 무엇보다도 큰 기쁨일 것입니다.

사카자키 기요카

이 책에 등장한
고양이들 모여라~!

Thanks Cats

놀이 레시피1~28에 도전했던 고양이와 그 귀여운
모습을 촬영하도록 허락한 고양이들을 소개합니다!

냥마루 ♂
저자 사카자키 기요카의 좋은 파트너. 17세 고령이지만 클리커를 아주 좋아하는 재주 많은 고양이.

차 ♂
사카자키 집안의 장남으로 조만간 19세가 된다. 매력 포인트는 처진 눈과 풍부한 표정.

다이키치 ♂
기다란 몸이 특징. 몸집은 크지만 유연하고 느긋한 마이페이스의 응석꾸러기.

피코 ♂
털이 북실북실한 꼬리를 꼿꼿이 세우고 집안을 뛰어다니는 것이 일과. 허리를 툭툭 쳐 주는 걸 좋아한다.

키키 ♀
냉동 건조된 닭 가슴살을 아주 좋아한다. 놀 때는 레이저빔을 마음에 들어 한다.

지지 ♂
점프 실력이 뛰어나다. 주인이 머리 위에서 손을 내밀면 높이 뛰어오르는 재주가 장기다.

가게토라 ♂
러시안 블루*답지 않게 조용하고 낯가림이 심한 성격. 응석꾸러기이자 먹보.

우부 ♀
매력 포인트는 굴곡진 귀. 응석꾸러기에 천방지축이면서도 새침한 아가씨.

잇큐 ♂
굴곡진 귀여운 귀가 트레이드마크. 사실 난, 안기는 건 질색이다냥.

*Russian Blue, 고양이의 한 품종.

즈부 ♀

굴곡진 귀여운 귀는 아빠(잇큐)를 닮음. 호기심이 왕성해서 사람을 좋아하여 사랑받는 캐릭터.

즛가쿠 ♂

엄마에게 우렁찬 목청을 물려받음. 겁쟁이에 대식가. 엄청난 응석꾸러기.♡

소타 ♂

미닫이문과 서랍 열기가 장기. 개구쟁이지만 천부적인 응석꾸러기 소년.

메루 ♀

오른쪽 사진 차마의 누나. 어린 소녀지만 놀이를 좋아하고 매우 활발함.

차마 ♂

왼쪽 사진 메루의 남동생. 난폭한 성격으로 안기기를 싫어하는 개구쟁이.

아세라 ♀

커다란 눈동자와 작은 얼굴의 귀염둥이. 무엇이든 혼자 독점하려고 하고, 어깨에 올라타기가 특기.♡

단페 ♂

먹보. 낯선 사람도 좋아한다. 클리커와 새로운 놀이하는 것 대환영.♡

베베 ♀

소극적인 성격의 소녀. 점프를 하면서 양손으로 간식을 잡아채 먹는 것이 장기.

B ♀

무엇이든 자기가 첫 번째로 하지 않으면 토라지는 귀여움둥이. 마네키네코* 포즈가 특기.

다비 ♀

길고양이 출신으로 먹을 것에 대한 동기가 높은 편. 나, 트레이닝 잘한다냥.

노시코 ♀

손님에게 인기 넘버원인 응석 꾸러기. 손님이 찾아오면 접객은 나한테 맡겨라냥.♡

사장님 ♂

놀이를 아주 좋아하는 육체파 소년. 호기심이 왕성해 촬영 내내 사람과 카메라를 쳐다보았음.

*招き猫, 한쪽 앞발을 들고 있는 고양이 장식물로 사업 번창의 의미가 있다.

고양이와 함께 행복해지는

놀이 레시피

초판 1쇄 발행일 2017년 11월 20일
개정판 1쇄 발행일 2021년 3월 13일

지은이 사카자키 기요카 • 아오키 아유미 | 옮긴이 이로미
펴낸이 김종해 | 펴낸곳 문학세계사 | 주소 서울시 마포구 신수로 59-1(04087)
대표전화 02-702-1800 | 이메일 mail@msp21.co.kr
홈페이지 www.msp21.co.kr | 페이스북 www.facebook.com/msp21.co.kr
출판등록 제21-108호(1979.5.16) | ISBN 978-89-7075-992-0 13490
 | 값 13,000원